U0184599

脉冲对网络稳定性的影响

张先休 著

重庆大学出版社

内容提要

本书主要研究状态相关的脉冲对(切换)神经网络稳定性的影响,以及怎样利用脉冲免疫(脉冲解毒)控制网络病毒的传播.首先介绍了状态相关的脉冲(切换)系统、神经网络模型、计算机病毒传播模型,其次运用B-等价法、李亚普诺夫函数和相关分析技巧研究几类状态相关的脉冲(切换)神经网络的稳定性问题,最后利用脉冲微分方程的比较定理和分岔理论研究带有脉冲免疫、脉冲解毒和饱和效应的计算机病毒传播模型的动力学性质.

本书可作为从事脉冲系统理论、神经网络、网络传播动力学等领域工作的教学、科研人员参考用书,也可作为相关专业研究生的参考用书.

图书在版编目(CIP)数据

脉冲对网络稳定性的影响 / 张先休著. -- 重庆 : 重庆大学出版社, 2022.11

ISBN 978-7-5689-3602-6

Ⅰ. ①脉… Ⅱ. ①张… Ⅲ. ①脉冲电路—影响—人工神经元网络—动稳定性 Ⅳ. ①TP183

中国版本图书馆 CIP 数据核字(2022)第 223352 号

脉冲对网络稳定性的影响

MAICHONG DUI WANGLUO WENDINGXING DE YINGXIANG

张先休 著

策划编辑:范 琪

责任编辑:姜 凤 版式设计:范 琪

责任校对:刘志刚 责任印制:张 策

*

重庆大学出版社出版发行

出版人:饶帮华

社址:重庆市沙坪坝区大学城西路 21 号

邮编:401331

电话:(023)88617190 88617185(中小学)

传真:(023)88617186 88617166

网址:http://www.cqup.com.cn

邮箱:fxk@cqup.com.cn(营销中心)

全国新华书店经销

重庆升光电力印务有限公司印刷

*

开本:720mm×1020mm 1/16 印张:8.75 字数:126 千

2022 年 11 月第 1 版 2022 年 11 月第 1 次印刷

ISBN 978-7-5689-3602-6 定价:78.00 元

前　言

运动是永恒的、绝对的,静止是暂时的、相对的. 动力系统就是描述事物状态随时间演化的过程. 人工神经网络是一种复杂的大规模动力学系统,其在人工智能、联想记忆、模式识别和优化等问题中被广泛应用. 在过去 30 年里,神经网络的动力学问题得到了深入的研究. 另外,脉冲系统可用于建模许多具有状态突变现象的系统,近几十年来,脉冲系统受到了学者们广泛的关注和研究. 事实上,许多系统的脉冲不发生在固定时刻,而是与状态相关的,因此,研究状态相关的脉冲系统更有实际意义. 脉冲神经网络是脉冲微分动力系统的一个比较重要的组成部分,有着丰富的动力学行为,而状态相关的脉冲神经网络近年来更是受到了人们的重视.

随着计算机和网络的日益普及,人们的工作和生活越来越离不开计算机. 同时,在经历数次网络病毒大暴发造成的巨大经济损失后,如何控制病毒的传播、保障网络的安全成为学术界和社会共同关注的问题.

本书的主要内容如下:

第一,利用 B-等价法、李亚普诺夫函数研究了状态相关的脉冲对 Cohen-Grossberg 神经网络(Cohen-Grossberg Neural Network,CGNN)的全局指数稳定性的影响. 在一定条件下证明了:状态相关的脉冲系统能转化为固定时刻的脉冲系统;即使承受一定程度的脉冲破坏,CGNN 也能保持连续子系统的稳定性;稳定的脉冲能使不稳定的连续子系统在平衡点变得稳定. 进而获得状态相关的脉冲 CGNN 在两种情形下的稳定性判据.

第二,利用 B-等价法、切换李亚普诺夫函数和线性矩阵不等式研究了状态相关的脉冲对切换 Hopfield 神经网络(Hopfield Neural Network,HNN)的全局稳定性的影响. 在一定条件下证明了:状态相关的脉冲切换系统能转化为固定时刻的情形;比较系统的稳定性暗示了要考虑系统的同样稳定性. 在此基础上,为要考虑的 HNN 建立了一个新的稳定性判据.

第三,运用 B-等价法、切换李亚普诺夫函数和一些分析技巧研究了状态相关的脉冲切换 Cohen-Grossberg 神经网络的全局稳定性问题. 在一定条件下,状态相关的脉冲切换系统能转化为固定时刻的情形. 进而利用得到的比较系统,为要考虑的 CGNN 建立了一个稳定性判据. 最后,提供的两个数值例子阐明了理论结果的有效性.

第四,运用脉冲微分方程的比较定理和分岔理论研究了一个带有脉冲免疫和饱和效应的新的计算机病毒传播模型,揭示了脉冲免疫怎样影响电子病毒的传播. 基于对模型参数分析的基础上,一些阻止网络病毒流行的有效战略被建议. 最后,一些数值例子也验证了理论结果的正确性.

第五,运用脉冲微分方程的比较定理和分岔理论讨论了一个带有脉冲解毒和饱和效应的 SIRS 网络病毒传播模型的动力学性质,得到该模型的动力学性质与基本再生数有关,据此给出控制网络病毒扩散的一些可行措施.

在这里,我要衷心感谢我的博士生导师李传东教授. 在读博期间,我得到了李老师的大力支持和帮助,本书中的一些想法,也是李老师首先提出的,在此致以深深的谢意.

由于著者水平有限,书中难免有疏漏与不妥之处,恳请读者批评指正.

张先休

于万州重庆三峡学院计算机科学与工程学院

2022 年 6 月

目　录

1 绪 论

1.1 引 言

在现实世界中,存在着许多自然的或者社会的系统,由于某种原因,该系统在某时刻其状态突然发生改变,这种现象称为脉冲现象.脉冲现象在自然界广泛存在[1-4],特别是在实际的神经网络中,脉冲扰动很可能会出现,因为神经网络的状态很可能在某些时刻突然改变.脉冲神经网络是脉冲微分系统的一个比较重要的组成部分,有着丰富的动力学行为,一直是人们关注的焦点.在实际问题中,许多系统的脉冲不发生在固定时刻,而是与状态相关的!因此,状态相关的脉冲系统更重要,研究时,面临着更多理论上的困难!近年来,状态相关的脉冲神经网络的有关研究引起了人们的注意.另外,在学者们的努力下,近年来切换神经网络也取得了一系列显著的成果.本书运用B-等价法、李亚普诺夫函数和相关分析技巧研究了几类状态相关的脉冲神经网络的稳定性问题,得出了有关的稳定性判据.

网络病毒是指能够通过互联网进行传播的恶意程序.互联网作为一柄双刃剑,在为人们的工作和生活带来极大方便的同时,也为病毒的传播提供了土壤.近几十年来,网络病毒的几次大规模暴发给人类社会造成了巨大的经济损失.随着移动互联网时代和物联网时代的来临,病毒的危害性正变得越来越大[5].如何防范网络病毒的危害,是人类面临的一项难题.由于杀毒软件在网络上能被快速扩散且运行后能立即产生效果,结果大多数计算机一瞬间就能被免疫(脉冲免疫)或从病毒感染中恢复过来(脉冲解毒).因此,脉冲免疫、脉冲解毒为控制网络病毒的扩散提供了一种新思路.本书运用脉冲微分方程的比较定理和分岔理论研究了带有脉冲免疫、脉冲解毒和饱和效应的网络病毒传播模型的动力学性质,在此基础上,给出了控制网络病毒传播的一些有效措施.

1.2 有关模型及系统简介

1.2.1 状态相关的脉冲(切换)系统

瞬时扰动和在某些时刻突然变化,是典型的脉冲现象,它能影响许多复杂系统的演化过程.在许多领域,如防疫、人口动力学和经济都有脉冲现象[1-4].为了刻画脉冲现象,人们提出一类脉冲动力系统,它包括3个部分:一个连续时间的子系统(即连续子系统)、一个状态跳跃算子(即离散子系统)和一个决定脉冲时刻的切换规则.根据不同的切换规则,脉冲系统一般能分成两种类型:固定时刻的脉冲系统和状态相关的脉冲系统.固定时刻的脉冲系统的脉冲时刻被描述了,而状态相关的脉冲系统的脉冲时刻没有被描述,不被知道,直到一个人开始寻找一定的解,一般由系统的解的轨迹与某一脉冲面碰撞的时刻确定.特别地,状态相关的脉冲系统通常是与状态相关的,因此,系统的不同解有不同的脉冲时刻.到目前为止,无数的专著和论文集中在固定时刻的脉冲系统[6-13],几乎没什么关于状态相关的脉冲系统的文献[14-17].然而,在实际问题中,许多系统的脉冲不发生在固定时刻[17],例如,包含人工神经网络的生物和物理系统、储蓄率控制系统和一些电路控制系统.研究状态相关的脉冲系统的另一个困难在于:系统的解与脉冲面有可能多次碰撞,即"beating"现象,必须寻找条件确保"beating"缺乏.明显地,在建模和控制方面,状态相关的脉冲系统比固定时刻的脉冲系统重要得多,并且面临着更多的理论和技术上的挑战.

应该指出的是,在关于状态相关的脉冲系统的现有大多数文献里,系统的稳定性是利用比较系统的方法来分析的,且比较系统的脉冲既是状态相关的,也是一维的.通常证实或者推出比较系统的条件和参数是非常困难的.近年来,Akhmet 在文献[18]中提出一个强大的分析工具——B-等价法,它能把状态相关的脉冲系统转化为固定时刻的脉冲系统,这个固定时刻的脉冲系统被期望作为比较系统.然而,比较系统的跳跃算子可能是非常复杂的映射,很难被用来分析稳定性.在文献[14]和文献[15]中,Sayli 和 Yilmaz 试着用 B-等价法来研究状态相关的脉冲系统的稳定性.遗憾的是,他们不能规划或估计原来的跳跃算子(状态相关的脉冲系统)和新的跳跃算子(固定时刻的脉冲系统)之间的关系,只是简单地假设新的跳跃算子和系统状态是线性关系.应该强调,建立在B-等价法的基础上的转化原则被有效地用来分析状态相关的脉冲系统的稳定性,这样的结果在现有的文献里(假如有的话)是非常少见的.

另一方面,切换系统是动态切换系统,可以用来模拟真实系统,参照一个切换信号,真实系统的动力学从一族可能的选项里选择[19].切换系统的有关问题在工程应用中是非常重要的.在文献[20]中,Li 等人研究了切换系统的指数稳定性.在实际应用中,一类混杂系统是参照某些规则,通过在切换瞬间的状态切换和突然改变来刻画的,被称为切换脉冲系统[21],近年来,得到了广泛研究[22-24].在文献[22]中,Li 等人研究了脉冲切换 Hopfield 神经网络的全局稳定性.然而,他们只考虑了固定时刻的脉冲,并且脉冲发生在切换瞬间,文献[23]和文献[24]一样.在文献[25]中,作者也考虑了固定时刻的脉冲,只是脉冲不发生在切换瞬间.

鉴于以上讨论,在研究混杂系统时,考虑状态相关的脉冲具有重要意义.同时考虑状态相关脉冲和切换的混杂系统更值得期待!

1.2.2 神经网络模型

人工神经网络是人脑及其活动的一个理想的数学模型,它由许多神经元及相应的连接构成,是一个大规模的非线性自适应系统,可用电子线路来实现,也可由计算机程序来模拟[26]. 由于其在人工智能、模式识别、信号处理、联想记忆、运动图像重建、组合优化等领域中的广泛应用,在过去的几十年中,人工神经网络引发了众多学者的浓厚研究兴趣[27-35]. 在工程和学术界,人工神经网络也常简称为“神经网络”,包括 Hopfield 神经网络[36]、Cohen-Grossberg 神经网络[37]、bidirectional associative memory 神经网络、cellular 神经网络等. 神经网络具有丰富的动力学行为,特别地,在诸如优化问题中,一个神经网络的优化求解需要有一个全局渐近稳定的平衡点,对应目标函数的全局最优解[38];神经网络用于实时计算时,对神经网络的指数收敛度有一定的要求. 因此,近年来,神经网络的全局渐近或指数稳定性得到了广泛的研究和发展,读者可参阅文献[39-58].

1994 年,Baldi 和 Atiya[59]、Gopalsamy 和 He[60]把转移时滞引入 Hopfield 神经网络,并分析了时滞对神经动力学和学习的影响. 随后出现了大量的时滞 Hopfield 神经网络的稳定性结果[39-43]. 在文献[61-63]中,带有不确定性和随机扰动(或随机扰动)的 Hopfield 神经网络也已经被研究. 另外,在实际的神经网络中,脉冲扰动很可能会出现,因为神经网络的状态在某些时刻突然改变[64,65]. 为了刻画许多复杂系统演化过程中的脉冲动力习惯,它是被某个瞬间的突然跳跃引起的,关治洪和他的合作者提出并研究了脉冲 Auto-Associative 神经网络[6]和时滞脉冲 Hopfield 神经网络[7]. 跟随这些开创性的工作,脉冲神经网络模型的神经动力学和应用已引起越来越多的关注,并取得了许多显著的成果[66-71]. 在文献[63,72,73]中,引入了切换神经网络. 在文献[72]中,Huang 等人研究了切换 Hopfield 神经网络的鲁棒稳定性,该切换 Hopfield 神经网络是由一组 Hopfield 神经网络作为单独的子系统和一个任意切换规则组成的. 在文献[73]中,作者把 Cohen-Grossberg 神经网络引入切换系统,并建立了切换 Cohen-Grossberg 神经网络模型.

Cohen-Grossberg 神经网络包括 Hopfield 神经网络、cellular 神经网络、

shunting 神经网络和一些生态系统的一大类人工神经网络,它可由以下微分方程描述:

$$\dot{u}_h(t)=-\delta_h(u_h(t))\left[\varphi_h(u_h(t))-\sum_{j=1}^{n}c_{hj}s_j(u_j(t))+Z_h\right],h=1,2,\cdots,n. \tag{1.1}$$

式中 $Z_h,h=1,2,\cdots,n$——从系统外面持续输入;

c_{hj}——连接权;

$\delta_h(u_h(t))$——放大函数;

$\varphi_h(u_h(t)),h=1,2,\cdots,n$——自信号函数;

$s_j(u_j(t)),j=1,2,\cdots,n$——激活函数.

CGNN 最初被 Cohen 和 Grossberg 在 1983 年提出并研究[37],它被应用在很多领域. 为了简化,把平衡点移到原点作适当变换,可得系统(1.1)的矩阵形式

$$\dot{x}(t)=-A(x(t))[B(x(t))-Cg(x(t))].$$

考虑状态相关脉冲的影响,我们能得到下面状态相关的脉冲 Cohen-Grossberg 神经网络模型:

$$\begin{cases}\dot{x}(t)=-A(x(t))[B(x(t))-Cg(x(t))],t\neq\theta_i+\tau_i(x(t)),\\ \Delta x(t)=J_i(x(t)),t=\theta_i+\tau_i(x(t)),\end{cases} \tag{1.2}$$

式中的 x 是状态变量,$x=(x_1,\cdots,x_n)^{\mathrm{T}}\in R^n$,$A(x)=\mathrm{diag}\{a_1(x_1),\cdots,a_n(x_n)\}$,$B(x)=(b_1(x_1),\cdots,b_n(x_n))^{\mathrm{T}}\in R^n$,$C=(c_{hj})_{n\times n}$,$g(x)=(g_1(x_1),\cdots,g_n(x_n))^{\mathrm{T}}\in R^n$ 是激活函数,$\Delta x(t)\mid_{t=\xi_i}=J_i(x(t))=x(\xi_i+)-x(\xi_i)$,并且 $x(\xi_i+)=\lim\limits_{t\to\xi_i+0}x(t)$,表示在时刻 ξ_i 状态跳跃,满足 $\xi_i=\theta_i+\tau_i(x(\xi_i))$. 时间序列 $\{\theta_i\}_{i=1}^{\infty}$ 满足 $t_0=0<\theta_1<\theta_2<\cdots<\theta_i<\theta_{i+1}<\cdots$,并且当 $k\to\infty$ 时,$\theta_k\to\infty$.

Hopfield 神经网络(HNN),被 Hopfield 在 1984 年提出并研究[36],已被应用到广泛的领域. 在切换 Hopfiel 神经网络的基础上考虑状态相关的脉冲,得到状态相关的脉冲切换 Hopfield 神经网络模型:

$$\begin{cases}\dot{x}(t)=-C_{\phi(i+1)}x(t)+A_{\phi(i+1)}f_{\phi(i+1)}(x(t)),t\in(\theta_i,\theta_{i+1}],t\neq\theta_i+\tau_i(x(t)),\\ \Delta x(t)=J_i(x(t)),t=\theta_i+\tau_i(x(t)),\end{cases}\tag{1.3}$$

这里 $\phi:z_+\to U=\{1,2,\cdots,m\},m\in z_+.\ k\in U,C_k=\mathrm{diag}(c_1^{(k)},c_2^{(k)},\cdots,c_n^{(k)})$,它的元素是正的,$A_k=(a_{ul}^{(k)})\in R^{n\times n}$, $f_k(x)=(f_1^{(k)}(x_1),\cdots,f_n^{(k)}(x_n))^{\mathrm{T}}\in R^n$ 是激活函数.

在式(1.2)的基础上考虑切换,得到状态相关的脉冲切换 Cohen-Grossberg 神经网络模型:

$$\begin{cases}\dot{x}(t)=-A_{\phi(i+1)}(x(t))[B_{\phi(i+1)}(x(t))-C_{\phi(i+1)}f_{\phi(i+1)}(x(t))],t\in(\theta_i,\theta_{i+1}],\\ t\neq\theta_i+\tau_i(x(t)),\\ \Delta x(t)=J_i(x(t)),t=\theta_i+\tau_i(x(t)),\end{cases}\tag{1.4}$$

这里 $\phi:z_+\to U=\{1,2,\cdots,m\},m\in z_+.\ k\in\{1,2,\cdots,m\},A_k(x)=\mathrm{diag}(a_1^{(k)}(x_1),a_2^{(k)}(x_2),\cdots,a_n^{(k)}(x_n)),B_k(x)=(b_1^{(k)}(x_1),b_2^{(k)}(x_2),\cdots,b_n^{(k)}(x_n))^{\mathrm{T}},C_k=(c_{uv}^{(k)})\in R^{n\times n}$, $f_k(x)=(f_1^{(k)}(x_1),\cdots,f_n^{(k)}(x_n))^{\mathrm{T}}\in R^n$ 是激活函数.

本书主要研究了上述几类状态相关的脉冲(切换)神经网络的全局稳定性问题.

1.2.3 计算机病毒传播模型

如今,越来越多的基于网络的应用进入人们的日常生活中.例如,通过非法获取硬盘信息、破坏主板、堵塞网络、使设备失控等,网络病毒已成为当代信息社会的一个巨大威胁.在过去几十年里,计算机病毒的暴发曾造成巨大的经济损失.补丁的开发总是滞后于病毒的演化,迫切需要从宏观上理解病毒传播的方式,制定有效的防范措施.由于电子病毒和生物病毒在传播上非常类似[74,75],自从 Kephart 和 White 的开创性工作[76,77]以来,许多经典的流行病模型,如 SIR

模型[78,79]、SIRS 模型[80,81]、SEIR 模型[82,83]、SEIRS 模型[84]、SLBS 模型[85-87]、SLAS 模型[88]、SIPS 模型[89]、时滞模型[81,87,90]和随机模型[91,92]，已被用来描述计算机病毒在网络上的传播. 这些工作为完全理解网络病毒的传播打开了一扇门.

众所周知，免疫是控制疾病的常用方法，利用免疫来控制疾病已经给人类带来了福利. 例如，在 1980 年 5 月，世界卫生大会宣布：天花在全世界范围内被消灭了. 人类利用免疫程序打败了这种可怕的疾病. 实际上，为这样一个庞大的人群实施免疫，既是困难的又是昂贵的，被在中南美洲应用脉冲免疫策略控制脊髓灰质炎和麻疹的患者成功感动[93,94]，Agur 等人[95]开始了脉冲免疫的理论研究. 近年来，在应用科学领域能发现很多带有脉冲免疫的传染病模型[96-98]. 如今，脉冲免疫的想法已被用来对计算机病毒进行免疫[91,99]（通常称为“打补丁”）.

在现实生活中，为大量个体针对一些传染病进行免疫必须花很多时间. 因此，在传染病的传播过程中实施脉冲免疫是非常困难的. 相反，由于新补丁在网络上能被快速扩散，并且运行后能立即产生效果，结果显著数量的易感机（没有安装补丁，容易被病毒感染的计算机）几乎一瞬间就能被免疫. 所以，理解脉冲免疫对计算机病毒传播的影响是非常重要的. 事实上，如 360、瑞星、金山毒霸、卡巴斯基等杀毒软件定期更新病毒库（这可以看作定期散发补丁），就是脉冲免疫的例子. 现实中，计算机病毒一般不流行，这正是脉冲免疫带来的“福利”.

在经典的流行病模型里，感染率 β，每次接触被感染的概率，被猜测与易感机的数量和染毒机（已经被病毒感染的计算机）的数量呈双线性关系[100]. 双线性感染率在染毒机所占比例小时是一个很好的近似. 然而在现实中，染毒机所占比例可能比较大，使得这种近似非常失败. 为了更好地理解病毒的传播特性，必须研究带有一般感染率的传染病模型. 众所周知，对即将到来的威胁，例如，网络病毒、传染病、战争、群体性事件等，人群中普遍存在一个心理效应[101]. 这个心理效应将影响计算机病毒的传播，因为当病毒流行时，人们将减少通信，越多的染毒机被发现,与别的计算机接触就越少,这就是所谓的饱和效应. 它在一定程度上阻碍了网络病毒的传播. 为尝试刻画饱和效应, Yuan 等人[101]提出一个非线性感染率. 由于计算机感染的细节非常复杂,他们的结果应用有限. 近年来, Yang 等人[102]也提出一个非线性感染率,但他们对饱和效应的描述不清晰. 建立在许多数值例子的基础上,本书用 $1/(1+\alpha I(t))$ (α 是一个正数, $I(t)$ 表示在时间 t 时,染毒机占的百分比)表示饱和效应[103],即用 $\beta/(1+\alpha I(t))$ 替换 β. 这个感染率应比双线性感染率更合理,因为它考虑了人们的心理效应.

基于以上讨论,本书研究了一个带有脉冲免疫和饱和效应的计算机病毒传播模型.

$$\begin{cases}\left.\begin{aligned}&\frac{\mathrm{d}S(t)}{\mathrm{d}t}=b-\frac{\beta S(t)I(t)}{1+\alpha I(t)}-\mu S(t)+\delta R(t),\\&\frac{\mathrm{d}I(t)}{\mathrm{d}t}=\frac{\beta S(t)I(t)}{1+\alpha I(t)}-(\mu+\gamma)I(t),\\&\frac{\mathrm{d}R(t)}{\mathrm{d}t}=\gamma I(t)-(\mu+\delta)R(t),\end{aligned}\right\}t\neq kT,\\\left.\begin{aligned}&S(t^+)=(1-p)S(t),\\&I(t^+)=I(t),\\&R(t^+)=R(t)+pS(t),\end{aligned}\right\}t=kT,\end{cases}\tag{1.5}$$

初值 $(S(0^+),I(0^+),R(0^+))\in R_+^3$. $S(t)$, $I(t)$ 和 $R(t)$ 分别表示易感机、染毒机和安全机在时间 t 的数量. T 是正常数,表示杀毒软件研发周期, k 是正整数.

在传染病流行时,快速给太多的病人散发医疗资源是不可能的,通常完成一个或几个医疗过程要花很多时间[94,95,104]. 相反,利用网络新的杀毒软件能被立即释放并在运行后很快有效果,多数染毒机立刻能被治愈[105],这就是脉冲解毒[91]. 它是阻止网络病毒传播的一种重要方法! 然而这类模型还没有引起人们的重视. 为理解脉冲解毒和饱和效应怎样阻止病毒在网络上的传播,在本书中,一个新的脉冲计算机病毒传播模型被建立.

$$\begin{cases}\left.\begin{aligned}&\frac{\mathrm{d}S(t)}{\mathrm{d}t}=\mu-\frac{\beta S(t)I(t)}{1+\alpha I(t)}-\mu S(t)+\delta R(t),\\&\frac{\mathrm{d}I(t)}{\mathrm{d}t}=\frac{\beta S(t)I(t)}{1+\alpha I(t)}-(\mu+\gamma)I(t),\\&\frac{\mathrm{d}R(t)}{\mathrm{d}t}=\gamma I(t)-(\mu+\delta)R(t),\end{aligned}\right\}t\neq kT,\\\left.\begin{aligned}&S(t^+)=S(t),\\&I(t^+)=(1-q)I(t),\\&R(t^+)=R(t)+qI(t),\end{aligned}\right\}t=kT,\end{cases}\tag{1.6}$$

初值$(S(0^+),I(0^+),R(0^+))\in\{(S,I,R)\in R_+^3:S+I+R=1\}$. $S(t)$,$I(t)$和$R(t)$分别表示易感机、染毒机和安全机在时间t的百分比. T是正常数,表示杀毒软件研发周期,k是正整数.

近年来,Yang 等人[106,107]分析了传播网络的结构对计算机病毒传播的影响,并提出以节点为基础的传染病模型,它能帮助我们更好地理解电子病毒是怎样在网络上扩散的. 研究网络传播的最终目的不但要理解传染过程和预测它们的习惯,而且要控制它们的行为[108].

1.3 有关符号和定义

本书对有关符号进行说明,并给出了一些定义和假设. 例如,Z_+表示正整数集,R_+表示非负实数集,R^n 表示 n 维欧氏空间,$\boldsymbol{I}$ 表示单位矩阵,P^{T} 表示矩阵 P 的转置,$\{\cdots\}$表示对角矩阵. $x\in R^n$, $\|x\|$ 表示 x 的欧氏范数.

对矩阵 $\boldsymbol{A}\in R^{n\times n}$, $\|\boldsymbol{A}\|=\sqrt{\max\{|\boldsymbol{\lambda}(\boldsymbol{A}^{\mathrm{T}}\boldsymbol{A})|\}}$,这里 $\boldsymbol{\lambda}(\cdot)$表示特征值.

$\Gamma_i=\{(t,x(t))\in R_+\times G:t=\theta_i+\tau_i(x(t)),t\in R_+,i\in Z_+,x\in G,G\subset R^n\}$表示第 i 个脉冲面.

定义 1.1[22] 设 $V:R^n\to R_+$,那么 V 可以说属于 Ω 类,如果

(ⅰ) V 在 $(\tau_{i-1},\tau_i]\times R^n$ 上是连续的，且对于任意 $x\in R^n$，$i=1,2,3,\cdots$，$\lim\limits_{(t,y)\to(\tau_i^+,x)} V(t,y)=V(\tau_i^+,x)$ 存在.

(ⅱ) V 对 x 是局部 Lipschitzian.

通过这一定义，看到 V 是为 ODE 的稳定性分析的李亚普诺夫函数类. 一般地，这些李亚普诺夫函数类是不连续的，一个广义导数应该被定义，比较出名的是右上 Dini 导数.

定义 1.2[22]　对 $(t,x)\in(\tau_{i-1},\tau_i]\times R^n$，$V\in\Omega$ 关于时间变量的右上 Dini 导数被定义如下

$$D^+V(t,x)\equiv\limsup_{\mu\to0^+}\left(\frac{1}{\mu}\right)\{V[t+\mu,x+\mu f(t,x)]-V(t,x)\}.$$

定义 1.3　系统(1.2)的原点被称为全局指数稳定，如果存在常数 $\gamma>0$ 和 $M>0$，使得对任何 $t\geqslant t_0$，都有 $\|x(t,t_0,x(t_0))\|\leqslant M\exp(-\gamma(t-t_0))$.

1.4　本书的主要研究内容及结构安排

本书主要研究了几类状态相关的脉冲(切换)神经网络的全局稳定性问题，运用 B-等价法给出了各种情形下的稳定性判据. 然后研究了脉冲在控制网络病毒传播中的应用. 具体如下：

第 1 章绪论，简要介绍了研究课题的有关背景，概述了神经网络、状态相关的脉冲系统、切换和计算机病毒传播模型，然后介绍了本书的主要研究内容及预备知识.

第 2 章研究了状态相关的脉冲对 Cohen-Grossberg 神经网络的全局指数稳定性的影响，探讨了“beating”缺乏的条件，利用 B-等价法将状态相关的脉冲系统转化为固定时刻的脉冲系统，给出两种情形下的稳定性判据.

第 3 章研究了状态相关的脉冲对切换 Hopfield 神经网络的全局稳定性的影响，探讨系统的每个解与每个脉冲面正好碰撞一次的条件，利用 B-等价法、线性

矩阵不等式等方法,得到状态相关的脉冲切换系统的比较系统,利用比较系统给出一个新的稳定性判据.

第 4 章研究了状态相关的脉冲切换 Cohen-Grossberg 神经网络的全局稳定性,寻找确保系统的每个解与每个脉冲面正好碰撞一次的条件,利用 B-等价法、切换李亚普诺夫函数等方法,得到状态相关的脉冲切换系统的比较系统,然后给出状态相关的脉冲切换 Cohen-Grossberg 神经网络全局稳定性的一个判据.

第 5 章研究了一个带有脉冲免疫和饱和效应的计算机病毒传播模型,根据网络特点,可以利用脉冲免疫控制病毒传播,并介绍了网络病毒传播中实际存在的饱和效应,运用一些分析技巧、脉冲微分方程的比较定理和分岔理论,得到该模型的一些动力学性质,讨论了在什么条件下网络病毒能被清除,在什么条件下病毒能持续.

第 6 章研究了带有脉冲解毒和饱和效应的 SIRS 模型的动力学性质,分析了基本再生数的意义,利用脉冲微分方程的比较定理和分岔理论,得到该模型的动力学性质与基本再生数的关系,揭示了脉冲解毒在控制网络病毒传播中的作用,并给出防止计算机病毒扩散的一些建议.

第 7 章是总结和展望,对本书进行了总结,对未来工作进行了展望.

在本章结束之前,特别说明:在本书中,除非有另外的特别声明,各章的符号只在各自章节中有效. 我们尽量使得各章自我包含以便于阅读.

2 状态相关脉冲对 Cohen-Grossberg 神经网络的全局指数稳定性的影响

CGNN 包括 Hopfield 神经网络、shunting 神经网络和一些生态系统的一大类人工神经网络，最初被 Cohen 和 Grossberg 在 1983 年提出并研究[37]. 在许多领域(如模式识别、信号和图像处理、联想记忆、组合优化和并行计算等)具有潜在的、有前途的、多种应用. 在过去几十年里，CGNN 已经吸引了越来越多的关注. 许多应用依赖 CGNN 的稳定性. 因此，CGNN 的稳定性分析被深入研究，并且 CGNN 的全局指数稳定性的一些充分条件被建立[32-35,47-52].

在本章中，试着用 B-等价法为状态相关的脉冲 CGNN 规划一个转化和比较原则的理论框架. 特别地，将给出确保系统的每个解插入每个脉冲面正好一次的充分条件，获得新的跳跃算子和系统状态的线性关系，证明比较系统的指数稳定性暗示了要考虑的状态相关的脉冲 CGNN 的同样的稳定性，最后用提出的比较系统的方法，得到要考虑的 CGNN 的两个稳定性判据. 相比近年来一些作者在文献上给出的状态相关的脉冲系统的条件，本书著者的条件就不那么保守.

2.1 问题描述

考虑下面的 CGNN

$$\dot{u}_h(t) = -\delta_h(u_h(t))\left[\phi_h(u_h(t)) - \sum_{j=1}^{n} c_{hj}s_j(u_j(t)) + Z_h\right], h = 1,2,\cdots,n. \tag{2.1}$$

式中　$Z_h, h=1,2,\cdots,n$——从系统外面持续输入；

c_{hj}——连接权；

$\delta_h(u_h(t))$——放大函数；

$\phi_h(u_h(t)), h=1,2,\cdots,n$——自信号函数；

$s_j(u_j(t)), j=1,2,\cdots,n$——激活函数.

下面列举本章的一个重要假设.

【假设 2.1】　（ⅰ）$\delta_h(\cdot), h=1,2,\cdots,n$ 是连续的且存在正数 $\underline{\delta}_h, \bar{\delta}_h$ 和 l_{ah}，使得

$$\underline{\delta}_h \leqslant \delta_h(u_h) \leqslant \bar{\delta}_h, \text{对所有 } u_h \in R, h=1,2,\cdots,n,$$

$$|\delta(u_h)-\delta(v_h)| \leqslant l_{ah}|u_h-v_h|, \text{对所有 } u_h, v_h \in R.$$

（ⅱ）对每个 $h \in \{1,2,\cdots,n\}$，ϕ_h^{-1} 是局部 Lipschitz 且连续的，ϕ_h 是连续的，并且存在一个正数 l_{bh} 使得

$$|\phi_h(u_h)-\phi_h(v_h)| \leqslant l_{bh}|u_h-v_h|, \text{对任意 } u_h, v_h \in R.$$

（ⅲ）对每个 $j \in \{1,2,\cdots,n\}$，s_j 在 R 上连续有界且存在一个正数 l_{gj} 使得

$$|s_j(u_j)-s_j(v_j)| \leqslant l_{gj}|u_j-v_j|, \text{对任意 } u_j, v_j \in R.$$

注意，u^* 是方程(1)的一个平衡点，当且仅当 $u^* = (u_1^*, u_2^*, \cdots, u_n^*)^{\mathrm{T}}$ 是下列方程的一个解

$$\phi_h(u_h) - \sum_{j=1}^{n} c_{ij}s_j(u_j) + Z_h = 0, h = 1,2,\cdots,n$$

类似文献[47]的讨论，容易获得下列结果.

引理 2.1　如果假设 2.1 成立，那么对每个输入 Z，系统(2.1)都存在一个平衡点.

设 u^* 是系统(2.1)的一个平衡点. 为了简化，让 $x(t)=u(t)-u^*$，将平衡点

u^* 移到原点,然后系统(2.1)变为

$$\dot{x}_h(t)=-a_h(x_h(t))[b_h(x_h(t))-\sum_{j=1}^{n}c_{ij}g_j(x_j(t))],h=1,2,\cdots,n, \quad (2.2)$$

这里

$$\begin{cases}a_h(x_h(t))=\delta_h(x_h(t)+u_h^*),\\ b_h(x_h(t))=\phi_h(x_h(t)+u_h^*)-\phi_h(u_h^*),\\ g_j(x_j(t))=s_j(x_j(t)+u_j^*)-s_j(u_j^*).\end{cases} \quad (2.3)$$

令 $A(x)=\mathrm{diag}\{a_1(x_1),\cdots,a_n(x_n)\},x=(x_1,\cdots,x_n)^{\mathrm{T}}\in R^n,B(x)=(b_1(x_1),\cdots,b_n(x_n))^{\mathrm{T}}\in R^n,C=(c_{hj})_{n\times n},g(x)=(g_1(x_1),\cdots,g_n(x_n))^{\mathrm{T}}\in R^n$,那么系统(2.2)能重写为

$$\dot{x}=-A(x)[B(x)-Cg(x)].$$

设 $l_a=\max\{l_{ah}\},l_b=\max\{l_{bh}\},l_g=\max\{l_{gh}\},\bar{a}=\max\{\bar{\delta}_h\},h=1,2,\cdots,n$. 由假设2.1和方程组(2.3)能推出如下假设.

【假设2.2】 (ⅰ)$\|A(x(t))\|\leqslant\bar{a}$,并且 $\|A(x(t))-A(y(t))\|\leqslant l_a\|x(t)-y(t)\|$,对任意 $x(t),y(t)\in R^n$;

(ⅱ)$\|B(x(t))\|\leqslant l_b\|x(t)\|$,并且 $\|B(x(t))-B(y(t))\|\leqslant l_b\|x(t)-y(t)\|$,对任意 $x(t),y(t)\in R^n$;

(ⅲ)$\|g(x(t))\|\leqslant l_g\|x(t)\|$,并且 $\|g(x(t))-g(y(t))\|\leqslant l_g\|x(t)-y(t)\|$,对任意 $x(t),y(t)\in R^n$.

考虑状态相关的脉冲的影响,能得出下列状态相关的脉冲 CGNN 模型:

$$\begin{cases}\dot{x}(t)=-A(x(t))[B(x(t))-Cg(x(t))],t\neq\theta_i+\tau_i(x(t)),\\ \Delta x(t)=J_i(x(t)),t=\theta_i+\tau_i(x(t)),\end{cases} \quad (2.4)$$

包含 CGNN 作为它的连续子系统:

$$\dot{x}(t)=-A(x(t))[B(x(t))-Cg(x(t))],t\neq\theta_i+\tau_i(x(t)), \quad (2.5)$$

和状态跳跃作为它的离散子系统:

$$\Delta x(t)=J_i(x(t)),t=\theta_i+\tau_i(x(t)), \quad (2.6)$$

这里 $\Delta x(t)\mid_{t=\xi_i}=J_i(x(t))=x(\xi_i+)-x(\xi_i)$，并且 $x(\xi_i+)=\lim\limits_{t\to\xi_i+0}x(t)$，表示在时刻 ξ_i 状态跳跃满足 $\xi_i=\theta_i+\tau_i(x(\xi_i))$. 假设序列 $\{\theta_i\}_{i=1}^{\infty}$ 满足条件 $t_0=0<\theta_1<\theta_2<\cdots<\theta_i<\theta_{i+1}<\cdots$，并且当 $k\to\infty$ 时，$\theta_k\to\infty$. 不失一般性，我们假设 $x(\xi_i-)=\lim\limits_{t\to\xi_i-0}x(t)=x(\xi_i)$，即解 $x(t)$ 在脉冲点是左连续的.

下面，给出另一个假设，在这章的主要结果里将会用到：

假设 2.3 对每个 $i\in Z_+,x\in G,J_i(x):G\to G$ 是连续的，满足 $J_i(0)=0,\tau_i(0)=0$，并且存在一个正的常数 l_J，使得 $\|x+J_i(x)\|\leqslant l_J\|x\|$.

注记 2.1 设 $x(t)$ 是系统(2.4)的一个解，在脉冲点 ξ_k，$x(\xi_k+)=x(\xi_k)+J_k(x(\xi_k))$，由假设 2.3 得 $\|x(\xi_k+)\|\leqslant l_J\|x(\xi_k)\|$.

注记 2.2 通过假设 2.3 和前面的讨论，容易看出系统(2.4)的原点是一个平衡点. 这个平衡点的唯一性从它的全局指数稳定性(将在这章的第二部分给出证明)能得到.

2.2 状态相关的脉冲 CGNN 的稳定性

2.2.1 beating 缺乏的条件和 B-等价法

现在寻找系统(2.4)的每个解穿过每个脉冲面正好一次的条件，然后用 B-等价法建立一个固定时刻的脉冲系统，作为系统(2.4)的比较系统. 因此，给出如下假设.

假设 2.4 对每个 $i\in Z_+$：

(ⅰ) $\tau_i(x)$ 是连续的，且存在一个正数 ν，使得 $0\leqslant\tau_i(x)\leqslant\nu$.

(ⅱ) 存在两个正数 $\underline{\theta}$ 和 $\bar{\theta}$，使得 $\underline{\theta}<\theta_{i+1}-\theta_i<\bar{\theta}$，这里 $\underline{\theta}>\nu$.

假设 2.5 对 $j\in Z_+$，令 $x(t):[\theta_j,\theta_j+\nu]\to G$ 是系统(2.4)在 $[\theta_j,\theta_j+\nu]$ 上的一个解，下面两个条件之一被满足：

$$(\text{i})\begin{cases}\dfrac{\mathrm{d}\,\tau_j(x)}{\mathrm{d}x}\{-A(x(t))[B(x(t))-Cg(x(t))]\}>1,x\in G,\\ \tau_j[x(\xi)+J_j(x(\xi))]\geqslant\tau_j(x(\xi)),t=\xi,\end{cases}$$

$$(\text{ii})\begin{cases}\dfrac{\mathrm{d}\,\tau_j(x)}{\mathrm{d}x}\{-A(x(t))[B(x(t))-Cg(x(t))]\}<1,x\in G,\\ \tau_j[x(\xi)+J_j(x(\xi))]\leqslant\tau_j(x(\xi)),t=\xi,\end{cases}$$

这里 $t=\xi$ 是系统(2.4)的脉冲点,即 $\xi=\theta_j+\tau_j(x(\xi))$.

引理 2.2　如果假设 2.4 被满足,且 $x(t):R_+\to G$ 是系统(2.4)的一个解,那么 $x(t)$ 横穿每个面 $\Gamma_i,i\in Z_+$.

证明　假设对某个 $j\in Z_+$,$x(t)$ 不与 Γ_j 相交,可引入一个新函数 $\phi(t)=t-[\theta_j+\tau_j(x(t))]$,从 $\tau_j(x(t))$ 的连续性能看到 $\phi(t)$ 是连续的. 注意到 $t-\theta_j-\nu\leqslant\phi(t)\leqslant t-\theta_j$. 由假设 2.4 知,$\phi(\theta_j)\leqslant 0\leqslant\phi(\theta_j+\nu)$. 因此,由 $\phi(t)$ 的连续性和假设 2.4 知,存在 $\zeta\in[\theta_j,\theta_j+\nu]$,使得 $\phi(\zeta)=0$,即 $\zeta=\theta_j+\tau_j(x(\zeta))$. 这与假设矛盾. 证毕.

引理 2.3　如果假设 2.5 成立,那么系统(2.4)的每个解穿过面 Γ_i 至多一次.

证明　假设有一个解 $x(t)$,与面 Γ_j 相交两次,分别在 $(s,x(s))$ 和 $(s_1,x(s_1))$ 处,不失一般性,$s<s_1$,由假设 2.4 知,在 s 和 s_1 之间没有 $x(t)$ 的离散点. 那么 $s=\theta_j+\tau_j(x(s))$,$s_1=\theta_j+\tau_j(x(s_1))$. 设假设 2.5 的情形(i)成立,可得

$$\begin{aligned}s_1-s&=\tau_j(x(s_1))-\tau_j(x(s))\\&\geqslant\tau_j(x(s_1))-\tau_j[x(s)+J_j(x(s))]\\&=\tau_j(x(s_1))-\tau_j(x(s+))\\&=\left\{\frac{\mathrm{d}\,\tau_j(x)}{\mathrm{d}x}\{-A(x(t))[B(x(t))-Cg(x(t))]\}\right\}_{t=\kappa\in(s,s_1]}(s_1-s),\\&>(s_1-s).\end{aligned}$$

这与假设矛盾. 类似地,设假设 2.5 的情形(ii)成立,可得 $s_1-s<s_1-s$. 这也是矛盾的. 证毕.

通过上面两个引理,可得到如下结论.

定理 2.1 如果假设 2.4 和假设 2.5 都成立,那么系统(2.4)的每个解 $x(t)$: $R_+\to G$ 穿过每个面 $\Gamma_i, i\in Z^+$,正好一次.

下面介绍 B-等价法. 设 $x^0(t)=x(t,\theta_i,x)$ 是系统(2.5)的一个解. ξ_i 表示解与脉冲面 Γ_i 相遇时刻,故 $\xi_i=\theta_i+\tau_i(x^0(\xi_i))$. 设 $x^1(t)$ 是系统(2.5)的一个解,且 $x^1(\xi_i)=x^0(\xi_i^+)=x^0(\xi_i)+J_i(x^0(\xi_i))$.

为了简化,从现在起,令 $x=x^0(\theta_i)$. 定义下列映射(图 2.1):

$$
\begin{aligned}
W_i(x) &= x^1(\theta_i) - x \\
&= x^1(\xi_i) + \int_{\xi_i}^{\theta_i}\{-A(x^1(s))[B(x^1(s)) - Cg(x^1(s))]\}\mathrm{d}s - x \\
&= x^0(\xi_i) + J_i(x^0(\xi_i)) + \int_{\xi_i}^{\theta_i}\{-A(x^1(s))[B(x^1(s)) - Cg(x^1(s))]\}\mathrm{d}s - x \\
&= \int_{\theta_i}^{\xi_i}\{-A(x^0(s))[B(x^0(s)) - Cg(x^0(s))]\}\mathrm{d}s + \\
&\quad J_i\left(x + \int_{\theta_i}^{\xi_i}\{-A(x^0(s))[B(x^0(s)) - Cg(x^0(s))]\}\mathrm{d}s\right) + \\
&\quad \int_{\xi_i}^{\theta_i}\{-A(x^1(s))[B(x^1(s)) - Cg(x^1(s))]\}\mathrm{d}s.
\end{aligned}
\tag{2.7}
$$

从图 2.1 可以看出,$x^0(t)=x(t,\theta_i,x)$ 在 R_+ 处能被延伸为系统(2.4)的解. 进而,我们考虑下面的在 R_+ 上的固定时刻的脉冲系统.

$$
\begin{cases}
\dot{x}(t)=-A(x(t))[B(x(t))-Cg(x(t))], t\neq\theta_i, \\
\Delta x(t)=W_i(x), t=\theta_i.
\end{cases}
\tag{2.8}
$$

同样地,$x^1(t)=x(t,\xi_i,x^0(\xi_i^+))$ 在 R_+ 上能被延伸为系统(2.8)的解.

由 $W_i(x)$ 的定义和图 2.1 知,有下列的、不加证明的观察:

观察 2.1 对所有的 $i\in Z_+$,在 $(\xi_{i-1},\theta_i]$ 上,且 $\xi_0=t_0$,有

$x^1(t)=x^0(t), x^1(\theta_i+)=x^0(\theta_i)+W_i(x^0(\theta_i)), x^1(\xi)=x^0(\xi_i+)=x^0(\xi_i)+J_i(x^0(\xi_i))$.

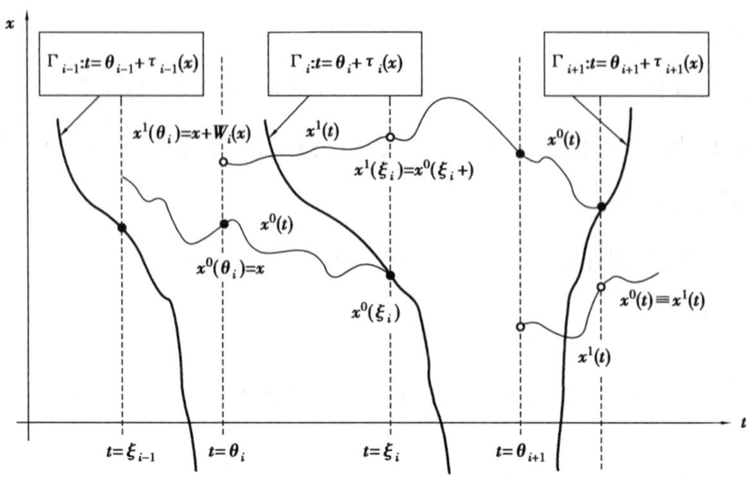

图 2.1 映射 $W_i(x)$ 的构建原则

观察 2.2 对所有的 $i\in Z_+$,在 $(\theta_i,\xi_i]$ 上,有

$$
\begin{aligned}
x^1(t)-x^0(t)=x+W_i(x)&+\int_{\theta_i}^{t}\{-A(x^1(s))[B(x^1(s))-Cg(x^1(s))]\}\mathrm{d}s-\\
&x-\int_{\theta_i}^{t}\{-A(x^0(s))[B(x^0(s))-Cg(x^0(s))]\}\mathrm{d}s\\
&=W_i(x)+\int_{\theta_i}^{t}\{A(x^1(s))[-(B(x^1(s))-B(x^0(s)))+\\
&\quad C(g(x^1(s))-g(x^0(s)))]+[A(x^1(s))-A(x^0(s))]\\
&\quad[-B(x^0(s))+Cg(x^0(s))]\}\mathrm{d}s.
\end{aligned}
$$

如果假设 2.2 成立,那么有

$$
\begin{aligned}
\|x^1(t)-x^0(t)\|\leqslant&\|W_i(x)\|+\int_{\theta_i}^{t}\{\bar{a}[l_b\|x^1(s)-x^0(s)\|+\\
&\|C\|l_g\|x^1(s)-x^0(s)\|]+l_a\|x^1(s)-x^0(s)\|\\
&[l_b\|(x^0(s))\|+\|C\|l_g\|(x^0(s))\|]\}\mathrm{d}s\\
\leqslant&\|W_i(x)\|+(\bar{a}+l_a\bar{p})(l_b+\|C\|l_g)\int_{\theta_i}^{t}\|x^1(s)-\\
&x^0(s)\|\mathrm{d}s,
\end{aligned}
$$

这里 $\bar{p}=\max\{\|(x^0(s))\|, s\in[\theta_i,\xi_i]\}$. 用 Gronwall-Bellman 引理[29],得

$$\|x^1(t)-x^0(t)\|\leqslant\|W_i(x)\|\exp[\nu(\bar{a}+l_a\bar{p})(l_b+\|C\|l_g)]. \tag{2.9}$$

注记 2.3 由观察 2.1 和文献[30]知,系统(2.8)(一个固定时刻脉冲系统)叫作系统(2.4)的 B-等价系统. 本书将在后面证明它的稳定性暗示了状态相关的脉冲系统(2.4)的同样的稳定性.

注记 2.4 从假设 2.1 和方程组(2.3)能推出假设 2.2,即假如在系统(2.1)中有假设 2.1,系统(2.1)能转变成系统(2.5),且能得到假设 2.2. 因此,在系统(2.4)里设假设 2.2 成立是合理的.

2.2.2 状态相关的脉冲 CGNN 稳定性的判据(一)

现在来研究系统(2.4)的稳定性,它包括稳定的子系统(2.5)或不稳定的子系统(2.5),稳定的脉冲或不稳定的脉冲. 系统(2.4)的组成共 4 种情形:(ⅰ)指数稳定的子系统(2.5)和稳定的脉冲;(ⅱ)指数稳定的子系统(2.5)和不稳定的脉冲;(ⅲ)不稳定的子系统(2.5)和稳定的脉冲;(ⅳ)不稳定的子系统(2.5)和不稳定的脉冲. 可知:情形(ⅰ)对任何切换规则,系统(2.4)将保持指数稳定;在情形(ⅳ)时,系统(2.4)将变得不稳定. 因此,这里主要研究另外两种情形.

在本小节中,研究情形(ⅱ),试着估计在稳定的前提下,脉冲量允许的上界,并获得系统(2.4)的稳定性的条件.

定理 2.2 令假设 2.2 至假设 2.5 都成立. 如果存在 $V\in\Omega$,使得

$$\nu_1\|x\|^p\leqslant V(x)\leqslant\nu_2\|x\|^p, x\in R^n, \tag{2.10}$$

$$D^+V(x(t))\leqslant-\alpha V(x(t)), t\in(\theta_i,\xi_i], \tag{2.11}$$

并且

$$\frac{p}{\alpha}\left[1-\exp\left(-\frac{\alpha\nu}{p}\right)\right]\bar{a}(l_b+\|C\|l_g)\sqrt[p]{\nu_1^{-1}\nu_2}<1,$$

这里 $\nu_1>0,\nu_2>0,\alpha>0,p>0,x(t)$ 是系统(2.5)在$(\theta_i,\xi_i]$上的一个解.那么,

(ⅰ) $\|x+W_i(x)\|\leqslant\beta_1\|x\|,x\in G$,

(ⅱ) $\|x^1(t)-x^0(t)\|\leqslant\beta_2\|x\|,t\in(\theta_i,\xi_i]$,

这里 $\beta_1=\left\{1-\frac{p}{\alpha}\left[1-\exp\left(-\frac{\alpha\nu}{p}\right)\right]\bar{a}(l_b+\|C\|l_g)\sqrt[p]{\nu_1^{-1}\nu_2}\right\}^{-1}l_J\sqrt[p]{\nu_1^{-1}\nu_2},\beta_2=(1+\beta_1)\exp[\nu(\bar{a}+l_a\bar{p})(l_b+\|C\|l_g)]$,且 $x_0(t)=x(t,\theta_i,x)$ 是系统(2.4)的一个解,它在 ξ_i 穿过脉冲面 Γ_i,即 $\xi_i=\theta_i+\tau_i(x^0(\xi_i))$. $x_1(t)$ 是系统(2.8)的一个解,使得 $x_1(\theta_i+)=x+W_i(x),x_1(\xi_i)=x_0(\xi_i+)=x_0(\xi_i)+J_i(x^0(\xi_i))$,这里的 $W_i(x)$ 由系统(2.7)定义.

证明 从条件(2.10)和条件(2.11)可得下面的不等式:

$$\sqrt[p]{\nu_2^{-1}V(x(t))}\leqslant\|x(t)\|\leqslant\sqrt[p]{\nu_1^{-1}V(x(t))},$$

$$V(x(t))\leqslant V(x(\theta_i+))\exp(-\alpha(t-\theta_i)).$$

根据上面两个不等式,得

$$\begin{aligned}\|x(t)\|&\leqslant\sqrt[p]{\nu_1^{-1}V(x(\theta_i+))\exp(-\alpha(t-\theta_i))}\\&\leqslant\sqrt[p]{\nu_1^{-1}\nu_2}\exp\left(\frac{-\alpha(t-\theta_i)}{p}\right)\|x(\theta_i+)\|.\end{aligned}$$

因此,

$$\|x^0(t)\|\leqslant\sqrt[p]{\nu_1^{-1}\nu_2}\exp\left(\frac{-\alpha(t-\theta_i)}{p}\right)\|x\|,$$

且

$$\|x^1(t)\|\leqslant\sqrt[p]{\nu_1^{-1}\nu_2}\exp\left(\frac{-\alpha(t-\theta_i)}{p}\right)\|x+W_i(x)\|.$$

下面,证明断言(ⅰ)成立.由系统(2.7)可得

$$\begin{aligned}\|x+W_i(x)\|&=\|x^1(\theta_i+)\|\\&=\left\|x^1(\xi_i)-\int_{\theta_i}^{\xi_i}\{-A(x^1(s))[B(x^1(s))-Cg(x^1(s))]\}\mathrm{d}s\right\|\\&\leqslant\|x^1(\xi_i)\|+\int_{\theta_i}^{\xi_i}\|-A(x^1(s))[B(x^1(s))-Cg(x^1(s))]\|\mathrm{d}s\end{aligned}$$

$$\leqslant \| x^0(\xi_i) + J_i(x^0(\xi_i)) \| + \bar{a}(l_b + \| C \| l_g)\int_{\theta_i}^{\xi_i} \| x^1(s) \| \mathrm{d}s$$

$$\leqslant l_J \| x^0(\xi_i) \| + \bar{a}(l_b + \| C \| l_g) \sqrt[p]{\nu_1^{-1}\nu_2} \| x + W_i(x) \|$$

$$\int_{\theta_i}^{\xi_i} \exp\left(\frac{-\alpha(s-\theta_i)}{p}\right) \mathrm{d}s$$

$$\leqslant l_J \sqrt[p]{\nu_1^{-1}\nu_2} \| x \| + \frac{p}{\alpha}\left(1 - \exp\left(-\frac{\alpha\nu}{p}\right)\right) \bar{a}(l_b + \| C \| l_g) \cdot$$

$$\sqrt[p]{\nu_1^{-1}\nu_2} \| x + W_i(x) \| ,$$

这隐含

$$\| x+W_i(x) \|$$

$$\leqslant\left\{1-\frac{p}{\alpha}\left[1-\exp\left(-\frac{\alpha\nu}{p}\right)\right]\bar{a}(l_b+\| C \| l_g)\sqrt[p]{\nu_1^{-1}\nu_2}\right\}^{-1} l_J\sqrt[p]{\nu_1^{-1}\nu_2} \| x \|$$

$$=\beta_1 \| x \| .$$

证明断言(ⅱ),根据系统(2.9),有

$$\| x^1(t)-x^0(t) \| \leqslant \| W_i(x) \| \exp[\nu(\bar{a}+l_a\bar{p})(l_b+\| C \| l_g)]$$

$$\leqslant(1+\beta_1)\exp[\nu(\bar{a}+l_a\bar{p})(l_b+\| C \| l_g)] \| x \|$$

$$=\beta_2 \| x \| .$$

证毕.

注记 2.5　由这个定理和观察 2.1 知,对系统(2.4)的任何解 $x^0(t)$,且 $x^0(\theta_i)=x$,一定存在系统(2.8)的一个解 $x^1(t)$,使得当 $t\in(\theta_i,\xi_i]$ 时,$\| x^1(t)-x^0(t) \| \leqslant\beta_2 \| x \|$;当 $t\in[t_0,\theta_1]\cup(\xi_{i-1},\theta_i]$ 时,$x^1(t)=x^0(t)$. 反之亦然.

定理 2.3　假设定理 2.2 的所有条件都成立. 在情形(ⅱ)中,系统(2.8)的全局指数稳定性暗示了系统(2.4)的同样稳定性. 特别地,设 $x^0(t)=x(t,\theta_i,x)$ 是系统(2.4)的一个解,假如存在正数 $M_1>0,\gamma_1>0$,使得系统(2.8)的对应解 $x^1(t)$ 满足 $\| x^1(t) \| \leqslant M_1\exp(-\gamma_1(t-t_0)),t\geqslant t_0$,那么一定存在正数 $M_2>0,\gamma_2>0$,使得 $x^0(t)$ 满足 $\| x^0(t) \| \leqslant M_2\exp(-\gamma_2(t-t_0)),t\geqslant t_0$.

证明 当 $t\in[t_0,\theta_1]$或 $t\in(\xi_{i-1},\theta_i]$时,

$$\|x^0(t)\|=\|x^1(t)\|\leqslant M_1\exp(-\gamma_1(t-t_0));$$

当 $t\in(\theta_i,\xi_i]$时,由定理 2.2 可得

$$\begin{aligned}\|x^0(t)\| &\leqslant \|x^1(t)-x^0(t)\|+\|x^1(t)\|\\ &\leqslant \beta_2\|x^0(\theta_i)\|+M_1\exp(-\gamma_1(t-t_0))\\ &\leqslant \beta_2 M_1\exp(-\gamma_1(\theta_i-t_0))+M_1\exp(-\gamma_1(t-t_0))\\ &=M_1[1+\beta_2\exp(\gamma_1(t-\theta_i))]\exp(-\gamma_1(t-t_0))\\ &\leqslant M_1[1+\beta_2\exp(\gamma_1\nu)]\exp(-\gamma_1(t-t_0)).\end{aligned}$$

故存在正数 $M_2=M_1[1+\beta_2\exp(\gamma_1\nu)]$,$\gamma_2=\gamma_1$ 使得系统(2.4)的解 $x^0(t)$满足 $\|x^0(t)\|\leqslant M_2\exp(-\gamma_2(t-t_0))$. 证毕.

定理 2.4 令假设 2.4 和假设 2.5 都成立. 如果存在 $V\in\Omega$,使得

(ⅰ)$\nu_1\|x(t)\|^p\leqslant V(x(t))\leqslant\nu_2\|x(t)\|^p$,

(ⅱ)$\begin{cases}D^+V(x(t))\leqslant-\alpha V(x(t)),t\neq\theta_k,k\in N_+,\\ V(x(\theta_k+))\leqslant\beta V(x(\theta_k)),\end{cases}$

(ⅲ)$\alpha\underline{\theta}-2\ln\beta>0$,

这里 $\nu_1>0,\nu_2>0,\alpha>0,\beta>1,p>0,\theta_k$ 是系统(2.8)的脉冲时刻. 那么系统(2.8)的原点是全局指数稳定的.

证明 为证明这一定理,先证明下面的断言:

断言 当 $t\in(\theta_i,\theta_{i+1}]$时,$i\in Z_+$,则 $V(x(t))\leqslant\beta^iV(x(t_0))\exp(-\alpha(t-t_0))$.

用数学归纳法来证明这个断言. 当 $t\in[t_0,\theta_1]$时,有

$$V(x(t))\leqslant V(x(t_0))\exp(-\alpha(t-t_0)),$$

$$V(x(\theta_1))\leqslant V(x(t_0))\exp(-\alpha(\theta_1-t_0)).$$

当 $i=1$ 时,即 $t\in(\theta_1,\theta_2]$,注意到 $V(x(\theta_1+))\leqslant\beta V(x(\theta_1))$,可得

$$\begin{aligned}V(x(t)) &\leqslant V(x(\theta_1+))\exp(-\alpha(t-\theta_1))\\ &\leqslant\beta V(x(\theta_1))\exp(-\alpha(t-\theta_1))\\ &\leqslant\beta V(x(t_0))\exp(-\alpha(t-t_0)),\end{aligned}$$

这隐含：当 $i=1$ 时，断言成立. 现在假设：当 $i=k$ 时，断言成立，即当 $t\in(\theta_k,\theta_{k+1}]$ 时，

$$V(x(t))\leqslant\beta^k V(x(t_0))\exp(-\alpha(t-t_0)),$$

$$V(x(\theta_{k+1}))\leqslant\beta^k V(x(t_0))\exp(-\alpha(\theta_{k+1}-t_0)).$$

当 $i=k+1$ 时，即 $t\in(\theta_{k+1},\theta_{k+2}]$，有

$$\begin{aligned}V(x(t))&\leqslant V(x(\theta_{k+1}+))\exp(-\alpha(t-\theta_{k+1}))\\&\leqslant\beta V(x(\theta_{k+1}))\exp(-\alpha(t-\theta_{k+1}))\\&\leqslant\beta^{k+1}V(x(t_0))\exp(-\alpha(t-t_0)),\end{aligned}$$

这暗示：当 $i=k+1$ 时，断言成立. 因此，断言对任何 $t\in(\theta_i,\theta_{i+1}]$，$i\in Z_+$ 都成立.

当 $t\in(\theta_i,\theta_{i+1}]$ 时，由假设 2.4 可得 $t-t_0>i\underline{\theta}$. 根据条件（iii），有 $\exp(\alpha\underline{\theta}/2)>\beta$，进而，$\exp(\alpha(t-t_0)/2)>\exp(i\alpha\underline{\theta}/2)>\beta^i$，因此

$$\begin{aligned}V(x(t))&\leqslant\beta^i V(x(t_0))\exp(-\alpha(t-t_0))\\&=V(x(t_0))\exp\left(\frac{-\alpha(t-t_0)}{2}\right)\frac{\beta^i}{\exp\left(\frac{\alpha(t-t_0)}{2}\right)}\\&\leqslant V(x(t_0))\exp\left(\frac{-\alpha(t-t_0)}{2}\right).\end{aligned}$$

最后，由条件（i）可得

$$\|x(t)\|\leqslant\sqrt[p]{\nu_1^{-1}\nu_2}\,\|x(t_0)\|\exp\left(\frac{-\alpha(t-t_0)}{2p}\right).$$

证毕.

注记 2.6　条件 $\alpha\underline{\theta}-2\ln\beta>0$ 描述了子系统（2.5）的指数收敛率（用 α 表示）、切换规则（用 $\underline{\theta}$ 和 ν 表示）和脉冲强度（用 β 表示）之间的关系.

现在给出这章的主要结果：系统（2.4）在情形（ii）下的稳定性判据. 在上面讨论的基础上，以下定理是显然的.

定理 2.5　令假设 2.2 至假设 2.5 都成立. 如果存在 $V\in\Omega$，使得

（i）$\nu_1\|x(t)\|^p\leqslant V(x(t))\leqslant\nu_2\|x(t)\|^p$，

(ⅱ) $\begin{cases} D^+V(x(t)) \leqslant -\alpha V(x(t)), t \neq \theta_k, k \in N_+, \\ V(x(\theta_k+)) \leqslant \beta V(x(\theta_k)), \end{cases}$

(ⅲ) $\frac{p}{\alpha}\left[1-\exp\left(-\frac{\alpha\nu}{p}\right)\right]\bar{a}(l_b+\|C\|l_g)\sqrt[p]{\nu_1^{-1}\nu_2}<1$,

(ⅳ) $\alpha\underline{\theta}-2\ln\beta>0$,

这里 $\nu_1>0, \nu_2>0, \alpha>0, \beta>1, p>0, \theta_k$ 是系统(2.8)的脉冲时刻. 那么系统(2.4)的原点是全局指数稳定的.

现在给出例子来阐明新的理论成果的有效性. 为了简化,下面,一个仅有两个神经元的状态相关的脉冲 CGNN 模型被分析.

【例 2.1】 (情形(ⅱ))考虑状态相关的脉冲 CGNN:

$$\begin{cases} \begin{pmatrix} \dot{x}_1(t) \\ \dot{x}_2(t) \end{pmatrix} = -\begin{pmatrix} 3+\sin x_1(t) & 0 \\ 0 & 3+\cos x_2(t) \end{pmatrix}\left[\begin{pmatrix} 0.5 & 0 \\ 0 & 0.5 \end{pmatrix}\begin{pmatrix} x_1(t) \\ x_2(t) \end{pmatrix}\right. \\ \left.-\begin{pmatrix} 0.2 & 0 \\ -0.2 & 0.1 \end{pmatrix}\begin{pmatrix} \sin x_1(t) \\ \sin x_2(t) \end{pmatrix}\right], t \neq \theta_i+\tau_i(x(t)), \\ \Delta x\big|_{t=\theta_i+\tau_i(x(t))} = J_i(x(t)), \end{cases} \tag{2.12}$$

这里 $x_1, x_2 \in R, x=(x_1 \quad x_2)^{\mathrm{T}}, \theta_i=2i, \tau_i(x)=0.3 \operatorname{arccot}(x_1^2), J_i(x)=1.2x, l_J=|1+1.2|>1, \nu=0.3\pi$. 注意

$$\begin{aligned} &\frac{\mathrm{d}\,\tau_j(x)}{\mathrm{d}x}\{-A(x(t))[B(x(t))-Cg(x(t))]\} \\ &=0.6x_1\left(-\frac{1}{1+x_1^4}, 0\right)\begin{pmatrix} (3+\sin x_1)(-0.5x_1+0.2\sin x_1) \\ (3+\cos x_2)(-0.5x_2-0.2\sin x_1+0.1\sin x_2) \end{pmatrix} \\ &=0.6x_1\frac{(3+\sin x_1)(0.5x_1-0.2\sin x_1)}{1+x_1^4} \\ &\leqslant\frac{1.68x_1^2}{1+x_1^4} \\ &<1. \end{aligned}$$

进而

$$\tau_i(x+J_i(x))-\tau_i(x)=0.3[\operatorname{arccot}((1+1.2)^2x_1^2)-\operatorname{arccot}(x_1^2)]\leqslant 0,$$

即$\tau_i(x+J_i(x))\leqslant\tau_i(x)$.

因此,假设 2.4 成立.容易得到定理 2.5 的假设都被满足.所以系统(2.12)的原点是全局指数稳定的,如图 2.2 所示($x(0)=(0.5\quad -0.5)^{\mathrm{T}}$).

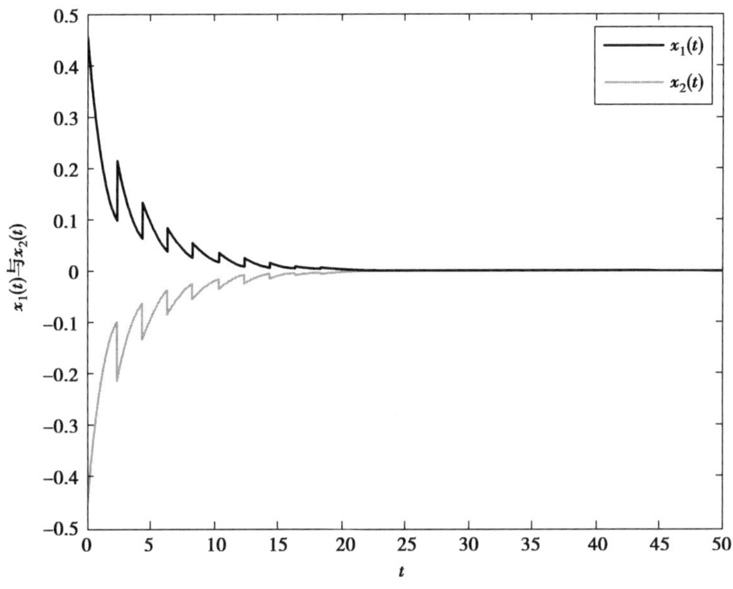

图 2.2 例 2.1 中系统(2.12)的时间响应曲线

2.2.3 状态相关的脉冲 CGNN 稳定性的判据(二)

在本小节中,研究情形(ⅲ),证明:即使子系统(2.5)不稳定,合适的脉冲也能使系统(2.4)变得稳定.特别地,在使系统(2.4)稳定的前提下,试着得到脉冲量和指数收敛率之间的关系.

定理 2.6 令假设 2.2 至假设 2.5 都成立.如果存在 $V\in\Omega$ 使得

$$\nu_1\|x\|^p\leqslant V(x)\leqslant\nu_2\|x\|^p,x\in R^n, \tag{2.13}$$

$$D^+V(x(t))\leqslant\alpha V(x(t)),t\in(\theta_i,\xi_i], \tag{2.14}$$

并且

$$\frac{p}{\alpha}\left[\exp\left(\frac{\alpha\nu}{p}\right)-1\right]\bar{a}(l_b+\|C\|l_g)\sqrt[p]{\nu_1^{-1}\nu_2}<1,$$

这里 $\nu_1>0,\nu_2>0,\alpha>0,p>0,x(t)$ 是系统(2.5)在 $(\theta_i,\xi_i]$ 上的解. 那么,

(ⅰ) $\|x+W_i(x)\|\leqslant\beta_3\|x\|,x\in G$,

(ⅱ) $\|x^1(t)-x^0(t)\|\leqslant\beta_4\|x\|,t\in(\theta_i,\xi_i]$,

这里 $\beta_3=\left\{1-\frac{p}{\alpha}\left[\exp\left(\frac{\alpha\nu}{p}\right)-1\right]\bar{a}(l_b+\|C\|l_g)\sqrt[p]{\nu_1^{-1}\nu_2}\right\}^{-1}l_J\sqrt[p]{\nu_1^{-1}\nu_2}\exp\left(\frac{\alpha\nu}{p}\right)$,

$\beta_4=(1+\beta_3)\exp[\nu(\bar{a}+l_a\bar{p})(l_b+\|C\|l_g)]$, $x_0(t)=x(t,\theta_i,x)$ 是系统(2.4)的一个解,它在 ξ_i 与脉冲面 Γ_i 相交,即 $\xi_i=\theta_i+\tau_i(x^0(\xi_i))$. 而 $x_1(t)$ 是系统(2.8)的一个解, $x_1(\theta_i+)=x+W_i(x)$,且 $x_1(\xi_i)=x_0(\xi_i+)=x_0(\xi_i)+J_i(x^0(\xi_i))$,这里 $W_i(x)$ 被系统(2.7)定义.

证明 从条件(2.12)和条件(2.13)可得下面的不等式:

$$\sqrt[p]{\nu_2^{-1}V(x(t))}\leqslant\|x(t)\|\leqslant\sqrt[p]{\nu_1^{-1}V(x(t))}$$

$$V(x(t))\leqslant V(x(\theta_i+))\exp(\alpha(t-\theta_i))$$

由两个不等式,可得

$$\begin{aligned}\|x(t)\|&\leqslant\sqrt[p]{\nu_1^{-1}V(x(\theta_i+))\exp(\alpha(t-\theta_i))}\\&\leqslant\sqrt[p]{\nu_1^{-1}\nu_2}\exp\left(\frac{\alpha(t-\theta_i)}{p}\right)\|x(\theta_i+)\|.\end{aligned}$$

因此,

$$\|x^0(t)\|\leqslant\sqrt[p]{\nu_1^{-1}\nu_2}\exp\left(\frac{\alpha(t-\theta_i)}{p}\right)\|x\|,$$

且

$$\|x^1(t)\|\leqslant\sqrt[p]{\nu_1^{-1}\nu_2}\exp\left(\frac{\alpha(t-\theta_i)}{p}\right)\|x+W_i(x)\|.$$

类似于定理 2.2 的证明,有

$$\|x+W_i(x)\| \leqslant l_J\|x^0(\xi_i)\| + \bar{a}(l_b+\|C\|l_g)\sqrt[p]{\nu_1^{-1}\nu_2}\|x+W_i(x)\| \int_{\theta_i}^{\xi_i}\exp\left(\frac{\alpha(s-\theta_i)}{p}\right)\mathrm{d}s$$

$$\leqslant l_J\sqrt[p]{\nu_1^{-1}\nu_2}\exp\left(\frac{\alpha\nu}{p}\right)\|x\| + \frac{p}{\alpha}\left(\exp\left(\frac{\alpha\nu}{p}\right)-1\right)\bar{a}(l_b+\|C\|l_g) \sqrt[p]{\nu_1^{-1}\nu_2}\|x+W_i(x)\|,$$

它隐含

$$\|x+W_i(x)\| \leqslant \left\{1-\frac{p}{\alpha}\left[\exp\left(\frac{\alpha\nu}{p}\right)-1\right]\bar{a}(l_b+\|C\|l_g)\sqrt[p]{\nu_1^{-1}\nu_2}\right\}^{-1} l_J\sqrt[p]{\nu_1^{-1}\nu_2}\exp\left(\frac{\alpha\nu}{p}\right)\|x\|$$

$$=\beta_3\|x\|.$$

进而

$$\|x^1(t)-x^0(t)\| \leqslant \|W_i(x)\|\exp[\nu(\bar{a}+l_a\bar{p})(l_b+\|C\|l_g)]$$

$$\leqslant(1+\beta_3)\exp[\nu(\bar{a}+l_a\bar{p})(l_b+\|C\|l_g)]\|x\|$$

$$=\beta_4\|x\|.$$

证毕.

类似情形(ⅱ)中定理 3 的讨论,对情形(ⅲ),也有

定理 2.7　假设定理 2.6 的所有条件都成立. 在情形(ⅲ)中,系统(2.8)的全局指数稳定性暗示了系统(2.4)的同样稳定性. 特别地,设 $x^0(t)=x(t,\theta_i,x)$ 是系统(2.4)的一个解,假如存在正数 $M_1>0,\gamma_1>0$,使得系统(2.8)的对应解 $x^1(t)$ 满足 $\|x^1(t)\|\leqslant M_1\exp(-\gamma_1(t-t_0)),t\geqslant t_0$,那么一定存在正数 $M_2>0,\gamma_2>0$,使得 $x^0(t)$ 满足 $\|x^0(t)\|\leqslant M_2\exp(-\gamma_2(t-t_0)),t\geqslant t_0$.

定理 2.8　令假设 2.4 和假设 2.5 都成立. 如果存在 $V\in\Omega$. 使得

(ⅰ) $\nu_1\|x(t)\|^p\leqslant V(x(t))\leqslant\nu_2\|x(t)\|^p$,

(ⅱ) $\begin{cases} D^+V(x(t))\leqslant\alpha V(x(t)), t\neq\theta_k, k\in N_+,\\ V(x(\theta_k+))\leqslant\beta V(x(\theta_k)),\end{cases}$

(ⅲ) $\alpha\bar{\theta}+\ln\beta<0$,

这里 $\nu_1>0, \nu_2>0, \alpha>0, p>0, 0<\beta<1, \theta_k$ 是系统(2.8)的脉冲时刻. 那么系统(2.8)的原点是全局指数稳定的.

证明 先用数学归纳法来证明下面的断言:

断言 当 $t\in(\theta_i,\theta_{i+1}], i\in Z_+$ 时, 则 $V(x(t))\leqslant\beta^{-1}V(x(t_0))\exp\left(\frac{\alpha\bar{\theta}+\ln\beta}{\bar{\theta}}(t-t_0)\right)$.

对 $t\in[t_0,\theta_1]$, 有

$V(x(t))\leqslant V(x(t_0))\exp(\alpha(t-t_0))\leqslant\beta^{-1}V(x(t_0))\exp(\alpha(t-t_0)+\ln\beta)$.

注意到 $t-t_0\leqslant\theta_1-t_0\leqslant\bar{\theta}$, 即 $\frac{t-t_0}{\bar{\theta}}<1$, 得

$$V(x(t))\leqslant\beta^{-1}V(x(t_0))\exp\left[\left(\frac{\ln\beta}{\bar{\theta}}+\alpha\right)(t-t_0)\right],$$

$$V(x(\theta_1))\leqslant\beta^{-1}V(x(t_0))\exp\left[\left(\frac{\ln\beta}{\bar{\theta}}+\alpha\right)(\theta_1-t_0)\right].$$

当 $i=1$ 时, 即 $t\in(\theta_1,\theta_2]$, 注意到 $V(x(\theta_1+))\leqslant\beta V(x(\theta_1))$, 得

$$\begin{aligned}
V(x(t)) &\leqslant V(x(\theta_1+))\exp(\alpha(t-\theta_1))\\
&\leqslant V(x(t_0))\exp\left[\left(\frac{\ln\beta}{\bar{\theta}}+\alpha\right)(\theta_1-t_0)+\alpha(t-\theta_1)\right]\\
&\leqslant\beta^{-1}V(x(t_0))\exp\left[\frac{\ln\beta}{\bar{\theta}}(\theta_1-t_0)+\alpha(t-t_0)+\frac{\ln\beta}{\bar{\theta}}(t-\theta_1)\right]\\
&=\beta^{-1}V(x(t_0))\exp\left[\left(\frac{\ln\beta}{\bar{\theta}}+\alpha\right)(t-t_0)\right],
\end{aligned}$$

这暗示: 当 $i=1$ 时, 断言成立. 我们假设: 当 $i=k$ 时, 断言成立. 即 $t\in(\theta_k,\theta_{k+1}]$,

$$V(x(t))\leqslant\beta^{-1}V(x(t_0))\exp\left[\left(\frac{\ln\beta}{\bar{\theta}}+\alpha\right)(t-t_0)\right],$$

$$V(x(\theta_{k+1}))\leqslant\beta^{-1}V(x(t_0))\exp\left[\left(\frac{\ln\beta}{\bar{\theta}}+\alpha\right)(\theta_{k+1}-t_0)\right].$$

现在考虑 $i=k+1$ 的情况. 注意,如果 $t\in(\theta_{k+1},\theta_{k+2}]$,有

$$
\begin{aligned}
V(x(t)) &\leqslant V(x(\theta_{k+1}+))\exp(\alpha(t-\theta_{k+1}))\\
&\leqslant \beta V(x(\theta_{k+1}))\exp(\alpha(t-\theta_{k+1}))\\
&\leqslant V(x(t_0))\exp\left[\left(\frac{\ln\beta}{\bar{\theta}}+\alpha\right)(\theta_{k+1}-t_0)+\alpha(t-\theta_{k+1})\right]\\
&\leqslant \beta^{-1}V(x(t_0))\exp\left[\frac{\ln\beta}{\bar{\theta}}(\theta_{k+1}-t_0)+\alpha(t-t_0)+\ln\beta\right]\\
&\leqslant \beta^{-1}V(x(t_0))\exp\left[\left(\frac{\ln\beta}{\bar{\theta}}+\alpha\right)(t-t_0)\right],
\end{aligned}
$$

它隐含:当 $i=k+1$ 时,断言成立. 因此,对任何 $t\in(\theta_i,\theta_{i+1}]$, $i\in Z_+$,断言成立.

然后,由条件(ⅰ)可得

$$
\|x(t)\|\leqslant\sqrt[p]{\nu_1^{-1}\nu_2\beta^{-1}}\,\|x(t_0)\|\exp\left[\frac{\alpha\bar{\theta}+\ln\beta}{p\bar{\theta}}(t-t_0)\right].
$$

证毕.

下面给出本章的主要结果:系统(2.4)在情形(ⅲ)下的稳定性判据. 联合上面的讨论,有

定理 2.9 令假设 2.2 至假设 2.5 都成立. 如果存在 $V\in\Omega$,使得

(ⅰ) $\nu_1\|x(t)\|^p\leqslant V(x(t))\leqslant\nu_2\|x(t)\|^p$,

(ⅱ) $\begin{cases}D^+V(x(t))\leqslant\alpha V(x(t)),\ t\neq\theta_k,\ k\in N_+,\\ V(x(\theta_k+))\leqslant\beta V(x(\theta_k)),\end{cases}$

(ⅲ) $\dfrac{p}{\alpha}\left[\exp\left(\dfrac{\alpha\nu}{p}\right)-1\right]\bar{a}(l_b+\|C\|l_g)\sqrt[p]{\nu_1^{-1}\nu_2}<1$,

(iv) $\alpha\bar{\theta}+\ln\beta<0$,

这里 $\nu_1>0$, $\nu_2>0$, $\alpha>0$, $p>0$, $0<\beta<1$, θ_k 是系统(2.8)的脉冲时刻. 那么系统(2.4)的原点是全局指数稳定的.

类似地,给出下面的例子.

【例 2.2】 (情形(ⅲ))还是考虑状态相关的脉冲 CGNN:

$$\begin{cases}\begin{pmatrix}\dot{x}_1(t)\\ \dot{x}_2(t)\end{pmatrix}=-\begin{pmatrix}2+\cos x_1(t) & 0\\ 0 & 2+\cos x_2(t)\end{pmatrix}\left[\begin{pmatrix}0.2 & 0\\ 0 & 0.2\end{pmatrix}\begin{pmatrix}x_1(t)\\ x_2(t)\end{pmatrix}\right.\\ \left.-\begin{pmatrix}1.5 & 0\\ -2 & 1.5\end{pmatrix}\begin{pmatrix}\sin x_1(t)\\ \sin x_2(t)\end{pmatrix}\right],t\neq\theta_i+\tau_i(x(t)),\\ \Delta x\mid_{t=\theta_i+\tau_i(x(t))}=J_i(x(t)),\end{cases}\tag{2.15}$$

这里 $x_1,x_2\in R,x=(x_1\quad x_2)^{\mathrm{T}},\theta_i=0.2i,\tau_i(x)=\dfrac{[\arctan(x_1)]^2}{5\pi},J_i(x)=-0.55x$,

$l_J=|1+(-0.55)|<1,\nu=\dfrac{\pi}{20}$. 注意

$$\begin{aligned}&\frac{\mathrm{d}\,\tau_j(x)}{\mathrm{d}x}\{-A(x(t))[B(x(t))-Cg(x(t))]\}\\ &=\frac{2}{5\pi}\arctan x_1\left(\frac{1}{1+x_1^2},0\right)\begin{pmatrix}(2+\cos x_1)(-0.2x_1+1.5\sin x_1)\\ (2+\cos x_2)(-0.2x_2-2\sin x_1+1.5\sin x_2)\end{pmatrix}\\ &=\frac{2}{5\pi}\arctan x_1\frac{(2+\cos x_1)(-0.2x_1+1.5\sin x_1)}{1+x_1^2}\\ &\leqslant\frac{0.6\,|-0.2x_1+1.5\sin x_1|}{1+x_1^2}\\ &\leqslant\frac{1.02\,|x_1|}{1+x_1^2}\\ &<1.\end{aligned}$$

进而

$$\begin{aligned}&\tau_i(x+J_i(x))-\tau_i(x)\\ &=\frac{1}{5\pi}\{[\arctan((1+(-0.55))x_1)]^2-[\arctan(x_1)]^2\}\\ &=\frac{1}{5\pi}\{[\arctan(|0.45x_1|)]^2-[\arctan(|x_1|)]^2\}\end{aligned}$$

$$=\frac{1}{5\pi}[\arctan(|0.45x_1|)+\arctan(|x_1|)][\arctan(|0.45x_1|)-\arctan(|x_1|)]$$

$$\leqslant 0,$$

即$\tau_i(x+J_i(x))\leqslant\tau_i(x)$. 因此,假设 2.5 成立. 容易得到定理 2.9 的条件都成立. 所以系统(2.15)的原点是全局指数稳定的,如图 2.3 所示($x(0)=(0.5\quad -0.3)^{\mathrm{T}}$).

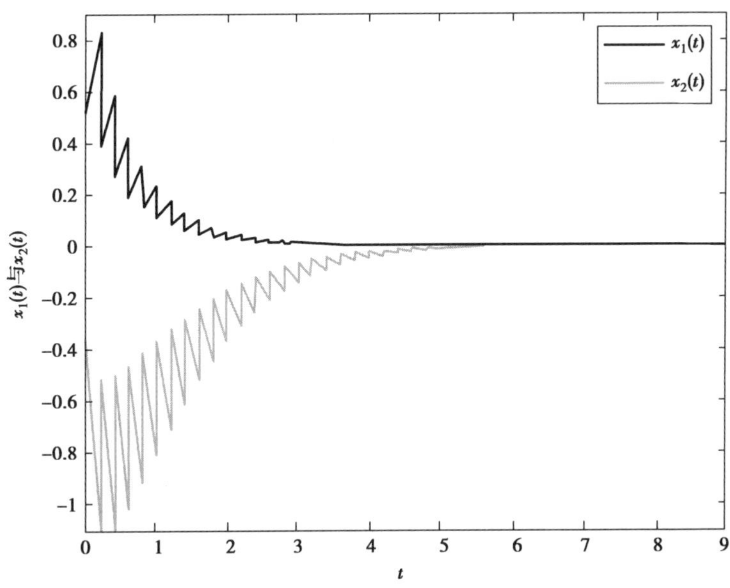

图 2.3　例 2.2 中的系统(2.15)的时间响应曲线

2.3　本章小结

本章用 B-等价法研究了状态相关的脉冲 CGNN 的全局指数稳定性. 在一定条件下,状态相关的脉冲系统能被转化为固定时刻的脉冲系统. 在该基础上,要考虑的 CGNN 的两个稳定性判据被获得. 这已经改进了近来相关文献报告的关于状态相关的脉冲系统的有关结果. 最后,通过两个数值例子验证了理论结果的有效性.

3 状态相关脉冲对切换 Hopfield 神经网络的全局稳定性的影响

Hopfield 神经网络(HNN)由 Hopfield 在 1984 年提出[36],已被广泛应用,例如,模式识别、信号处理、联想记忆、运动图像重建、组合优化等.很多应用特别依赖于网络的动力学行为,并要求该模型的平衡点是全局稳定的[7].因此,研究动态神经网络全局稳定性问题具有重要的实际意义.

据著者所知,在现有文献里,状态相关的脉冲切换神经网络的全局稳定性尚未被研究.我们被这一想法所驱动,在本章中,将研究状态相关的脉冲切换 HNN 的全局稳定性,在这个系统里,切换发生在固定时刻.而脉冲不发生在固定时刻.而且我们考虑的子系统神经网络既可以是稳定的,也可以是不稳定的.本书试着用 B-等价法为状态相关的脉冲切换 HNN 规划一个转化和对比原则的理论框架.特别地,将给出确保系统的每个解插入每个脉冲面正好一次的充分条件,获得新的跳跃算子和系统状态的线性关系,证明比较系统的全局稳定性暗示了要考虑的状态相关的脉冲切换 HNN 的同样的稳定性,最后用提出的比较系统的方法,建立要考虑的 HNN 的一个新的稳定性判据.

3.1 模型描述

在本章中,将考虑状态相关的脉冲切换 Hopfield 神经网络:

$$\begin{cases}\dot{x}(t)=-C_{\phi(i+1)}x(t)+A_{\phi(i+1)}f_{\phi(i+1)}(x(t)),t\in(\theta_i,\theta_{i+1}],t\neq\theta_i+\tau_i(x(t)),\\ \Delta x(t)=J_i(x(t)),t=\theta_i+\tau_i(x(t)),\end{cases}$$

(3.1)

包含切换 Hopfield 神经网络作为它的连续子系统：

$$\dot{x}(t)=-C_{\phi(i+1)}x(t)+A_{\phi(i+1)}f_{\phi(i+1)}(x(t)),t\in(\theta_i,\theta_{i+1}],t\neq\theta_i+\tau_i(x(t)),$$

(3.2)

和状态跳跃作为它的离散子系统：

$$\Delta x(t)=J_i(x(t)),t=\theta_i+\tau_i(x(t)), \tag{3.3}$$

这里，x 是状态变量，$x=(x_1,\cdots,x_n)^{\mathrm{T}}\in G\subset R^n$，$\phi:z_+\to U=\{1,2,\cdots,m\}$，$m$ 是一个正整数，即$\{\phi(1),\phi(2),\cdots,\phi(i),\cdots\}=\{1,2,\cdots,m\}$. 时间序列$\{\theta_i\}$满足 $\theta_0=0<\theta_1<\theta_2<\cdots<\theta_i<\theta_{i+1}<\cdots$，且当 $j\to\infty$ 时，$\theta_j\to\infty$. $k\in U$，$C_k=\mathrm{diag}(c_1^{(k)},c_2^{(k)},\cdots,c_n^{(k)})$，它的元素是正的，$A_k=(a_{ul}^{(k)})\in R^{n\times n}$，$f_k(x)=(f_1^{(k)}(x_1),\cdots,f_n^{(k)}(x_n))^{\mathrm{T}}\in R^n$ 作为激活函数满足$f_k(0)=0$. $\Delta x\mid_{t=\xi_i}=x(\xi_i+)-x(\xi_i)$，$x(\xi_i+)=\lim\limits_{t\to\xi_i+0}x(t)$表示在时刻 ξ_i 的状态跳跃，且 $\xi_i=\theta_i+\tau_i(x(\xi_i))$. 不失一般性，我们假设 $x(\xi_i-)=\lim\limits_{t\to\xi_i-0}x(t)=x(\xi_i)$，即解 $x(t)$ 在脉冲点是左连续的.

θ_0 是初值，特别地，有

$$\begin{cases}\dot{x}(t)=-C_{\phi(1)}x(t)+A_{\phi(1)}f_{\phi(1)}(x(t)),t\in[\theta_0,\theta_1],\\ x(\theta_0)=x_0,\end{cases}$$

在此引入下面的假设.

假设 3.1　激活函数是全局 Lipschitzian，即 $k\in U$，对任意 $x,y\in R^n$，存在正数 L_k 使得 $\|f_k(x)-f_k(y)\|\leqslant L_k\|x-y\|$.

假设 3.2　对每个 $i\in Z_+$，$x\in G$，$J_i(x):G\to G$ 是连续的，满足 $J_i(0)=0$，$\tau_i(0)=0$，并且存在正数 l_{J} 使得 $\|x+J_i(x)\|\leqslant l_{\mathrm{J}}\|x\|$.

设 $x(t)$ 是系统(3.1)的一个解，在脉冲点 ξ_k，$x(\xi_k+)=x(\xi_k)+J_k(x(\xi_k))$. 由假设3.2 得 $\|x(\xi_k+)\|\leqslant l_{\mathrm{J}}\|x(\xi_k)\|$. 在本章中，对每个脉冲时刻 ξ_k，如果

$\| x(\xi_k+) \| = \| x(\xi_k)+J_k(x(\xi_k)) \| < \| x(\xi_k) \|$，则在 ξ_k 的脉冲是稳定脉冲；如果 $\| x(\xi_k+) \| = \| x(\xi_k)+J_k(x(\xi_k)) \| > \| x(\xi_k) \|$，则在 ξ_k 的脉冲是不稳定脉冲.

由假设 3.1 容易得到 $-C_{\phi(i+1)}x+A_{\phi(i+1)}f_{\phi(i+1)}(x)$ 满足局部 Lipschitz 条件. 用局部存在定理（文献[18]的定理 5.2.1），在 $(\theta_i,\theta_{i+1}]$，初值是 $x(\theta_i)$ 的系统(3.1)的一个解存在.

最后给出两个定义.

定义 3.1[22]　若一个分段连续函数 $x(t)=x(t;\theta_0,x_0)$ 是系统(3.1)的一个解，如果：

(ⅰ)对 $t\in[\theta_0,\theta_1]$，这个解正好是

$$\begin{cases}\dot{x}(t)=-C_{\phi(1)}x(t)+A_{\phi(1)}f_{\phi(1)}(x(t)),\\ x(\theta_0)=x_0\end{cases}$$

的解，

(ⅱ)假设在$[\theta_0,\theta_{i-1}]$，这个解已经被确定了，然后对$(\theta_{i-1},\theta_i]$，这个解正好为

$$\begin{cases}\dot{x}(t)=-C_{\phi(i)}x(t)+A_{\phi(i)}f_{\phi(i)}(x(t)),t\neq\theta_{i-1}+\tau_{i-1}(x(t)),\\ \Delta x(t)=J_{i-1}(x(t)),t=\theta_{i-1}+\tau_{i-1}(x(t))\end{cases}$$

的解.

通过这个定义及前面的讨论可得：带有初值的系统(3.1)的解存在.

定义 3.2[22]　若动力系统 $\dot{x}(t)=f(t,x(t))$ 是 π_1-类系统，如果存在一个正定的 Lyapunov 函数 $V(t)=x^{\mathrm{T}}Px$ 和一个正数 α，使得沿着动力系统的解的 V 的 Dini 导数满足 $D^+V(t)\leqslant-\alpha V(t)$.

3.2　状态相关的脉冲切换 HNN 的全局稳定性

3.2.1　切换系统的 beating 现象和 B-等价法

类似第 2 章,也给出了假设 2.4 和下面的假设.

假设 3.3　对 $j\in Z_+$,令 $x(t):[\theta_j,\theta_j+\nu]\to G$ 是系统(3.1)在$[\theta_j,\theta_j+\nu]$上的一个解,下面两个条件之一被满足:

$$
(\mathrm{i})\begin{cases}\dfrac{\mathrm{d}\,\tau_j(x)}{\mathrm{d}x}[-C_{\phi(j+1)}x(t)+A_{\phi(j+1)}f_{\phi(j+1)}(x(t))]>1, x\in G,\\ \tau_j[x(\xi_j)+J_j(x(\xi_j))]\geqslant\tau_j(x(\xi_j)), t=\xi_j,\end{cases}
$$

$$
(\mathrm{ii})\begin{cases}\dfrac{\mathrm{d}\,\tau_j(x)}{\mathrm{d}x}[-C_{\phi(j+1)}x(t)+A_{\phi(j+1)}f_{\phi(j+1)}(x(t))]<1, x\in G,\\ \tau_j[x(\xi_j)+J_j(x(\xi_j))]\leqslant\tau_j(x(\xi_j)), t=\xi_j,\end{cases}
$$

这里 $t=\xi$ 是系统(3.1)的离散点,即 $\xi=\theta_j+\tau_j(x(\xi_j))$.

引理 3.1　如果假设 2.4 被满足,且 $x(t):R_+\to G$ 是系统(3.1)的一个解,那么 $x(t)$ 横穿每个面 $\Gamma_i, i\in Z_+$.

这个引理的证明非常类似于文献[18]的引理 5.3.2 的证明,因此这里省略.

引理 3.2　令假设 3.3 成立,那么系统(3.1)的每个解横穿面 Γ_i 至多一次.

证明　假设有一个解 $x(t)$,与面 Γ_j 相交两次,分别在$(s,x(s))$和$(s_1, x(s_1))$处,不失一般性,$s<s_1$,并且由假设 2.4 知,在 s 和 s_1 之间没有 $x(t)$ 的脉冲点. 那么 $s=\theta_j+\tau_j(x(s))$, $s_1=\theta_j+\tau_j(x(s_1))$. 设假设 3.3 的情形(i)成立,可得

$$
\begin{aligned}
s_1-s&=\tau_j(x(s_1))-\tau_j(x(s))\\
&\geqslant\tau_j(x(s_1))-\tau_j[x(s)+J_j(x(s))]\\
&=\tau_j(x(s_1))-\tau_j(x(s+))
\end{aligned}
$$

$$=\left\{\frac{\mathrm{d}\,\tau_j(x)}{\mathrm{d}x}\left[-C_{\phi(j+1)}x(t)+A_{\phi(j+1)}f_{\phi(j+1)}(x(t))\right]\right\}_{t=\kappa\in(s,s_1]}(s_1-s),$$

$$>(s_1-s).$$

这是矛盾的. 类似地,设假设 3.3 的情形(ⅱ)成立,可得 $s_1-s<s_1-s$. 也是矛盾的. 证毕.

通过上面两个引理,我们能得出下面的结论.

定理 3.1　如果假设 2.4 和假设 3.3 都成立,那么系统(3.1)的每个解 $x(t):R_+\to G$ 穿过每个面 $\Gamma_i, i\in Z^+$,正好一次.

在此构造出 B-等价系统(含固定时刻的脉冲). 设 $x^0(t)=x(t,\theta_i,x^0(\theta_i))$ 是系统(3.1)的在 $[\theta_i,\theta_{i+1}]$ 上的一个解. ξ_i 表示解与离散面 Γ_i 的相遇时刻,故 $\xi_i=\theta_i+\tau_i(x^0(\xi_i))$. 设 $x^1(t)$ 是系统(3.2)在 $[\theta_i,\theta_{i+1}]$ 上的一个解,且 $x^1(\xi_i)=x^0(\xi_i^+)=x^0(\xi_i)+J_i(x^0(\xi_i))$.

定义下面的映射(图 3.1):

$$\begin{aligned}W_i(x^0(\theta_i))&=x^1(\theta_i)-x^0(\theta_i)\\&=x^1(\xi_i)+\int_{\xi_i}^{\theta_i}[-C_{\phi(i+1)}(x^1(s))+A_{\phi(i+1)}f_{\phi(i+1)}(x^1(s))]\mathrm{d}s-\\&\quad x^0(\theta_i)\\&=x^0(\xi_i)+J_i(x^0(\xi_i))+\int_{\xi_i}^{\theta_i}[-C_{\phi(i+1)}(x^1(s))+\\&\quad A_{\phi(i+1)}f_{\phi(i+1)}(x^1(s))]\mathrm{d}s-x^0(\theta_i)\\&=\int_{\theta_i}^{\xi_i}[-C_{\phi(i+1)}(x^0(s))+A_{\phi(i+1)}f_{\phi(i+1)}(x^0(s))]\mathrm{d}s+\\&\quad J_i(x^0(\theta_i)+\int_{\theta_i}^{\xi_i}[-C_{\phi(i+1)}(x^0(s))+A_{\phi(i+1)}f_{\phi(i+1)}(x^0(s))]\mathrm{d}s)+\\&\quad\int_{\xi_i}^{\theta_i}[-C_{\phi(i+1)}(x^1(s))+A_{\phi(i+1)}f_{\phi(i+1)}(x^1(s))]\mathrm{d}s.\end{aligned}\tag{3.4}$$

注记 3.1　$(\theta_i,x^0(\theta_i))$ 是 $[\theta_{i-1},\theta_i]$ 和 $[\theta_i,\theta_{i+1}]$ 的公共点,适合下列系统的解

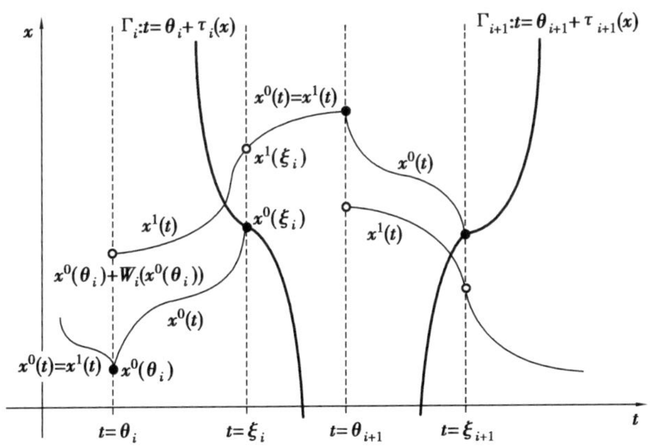

图 3.1　映射 $W_i(x)$ 的构建原则

$$\begin{cases}\dot{x}(t)=-C_{\phi(k)}x(t)+A_{\phi(k)}f_{\phi(k)}(x(t)),t\neq\theta_{k-1}+\tau_{k-1}(x(t)),\\ \Delta x(t)\mid_{t=\theta_{k-1}+\tau_{k-1}(x(t))}=J_{k-1}(x(t)).\end{cases}$$

$k=i$ 和 $k=i+1$.

明显地,根据定义 3.1、注记 3.1 和图 3.1,$x^0(t)=x(t,\theta_i,x^0(\theta_i))$在 R_+上能被延拓为系统(3.1)的解. 进一步,我们在 R_+上考虑下面固定时刻的脉冲切换系统.

$$\begin{cases}\dot{x}(t)=-C_{\phi(i+1)}x(t)+A_{\phi(i+1)}f_{\phi(i+1)}(x(t)),t\in(\theta_i,\theta_{i+1}],\\ \Delta x=W_i(x^0(\theta_i)),t=\theta_i.\end{cases}\tag{3.5}$$

由 $W_i(x^0(\theta_i))$的定义和图 3.1 知,在 R_+上,$x^1(t)=x(t,\xi_i,x^0(\xi_i^+))$能被延拓为系统(3.5)的解.

集合 $G_1\subset G$,对定义在区间 S,含脉冲时刻 ξ_i,且 $x^0(t)\in G_1,t\in S$ 的系统(3.1)的每个解 $x^0(t)$,如果存在系统(3.5)的一个解 $x^1(t):S\to G$,满足

$$x^0(t)=x^1(t),t\in(\xi_i,\theta_{i+1}].\tag{3.6}$$

特别地,

$$x^1(\theta_i+)=x^0(\theta_i)+W_i(x^0(\theta_i)),x^1(\xi_i)=x^0(\xi_i+)=x^0(\xi_i)+J_i(x^0(\xi_i)).\tag{3.7}$$

相反地,对系统(3.5)的每个解 $x^1(t), x^1(t)\in G_1, t\in S$,存在系统(3.1)的一个解 $x^0(t), t\in S$,使得系统(3.6)和系统(3.7)有效.

那么,系统(3.1)和系统(3.5)在 $G\subset R^n$ 上是B-等价的.

为了更详细地讨论,建议读者参考文献[18].

另一方面,在时间区间$(\theta_i,\xi_i]$上,令 $h=\phi(i+1)$,则 $h\in U$,有

$$\begin{aligned}x^1(t)-x^0(t)=&\ x^0(\theta_i)+W_i(x^0(\theta_i))+\int_{\theta_i}^{t}[-C_h(x^1(s))+A_hf_h(x^1(s))]\mathrm{d}s-\\&\ x^0(\theta_i)-\int_{\theta_i}^{t}[-C_h(x^0(s))+A_hf_h(x^0(s))]\mathrm{d}s\\=&\ W_i(x^0(\theta_i))+\int_{\theta_i}^{t}\{-C_h[x^1(s)-x^0(s)]+A_h[f_h(x^1(s))-\\&\ f_h(x^0(s))]\}\mathrm{d}s.\end{aligned}$$

由假设3.1,得

$$\begin{aligned}&\|x^1(t)-x^0(t)\|\leqslant\\&\|W_i(x^0(\theta_i))\|+\int_{\theta_i}^{t}[\|C_h\|\|x^1(s)-x^0(s)\|+\|A_h\|L_h\|x^1(s)-x^0(s)\|]\mathrm{d}s.\end{aligned}$$

根据文献[18]的Gronwall-Bellman引理,著者发现

$$\|x^1(t)-x^0(t)\|\leqslant\|W_i(x^0(\theta_i))\|\exp[\nu(\|C_h\|+\|A_h\|L_h)].\tag{3.8}$$

在3.2.2节中,将证明系统(3.5)的稳定性隐含了状态相关的脉冲切换系统(3.1)的同样稳定性.

3.2.2 状态相关的脉冲切换HNN的全局稳定性的一个判据

在本小节中,研究脉冲切换系统(3.5)和系统(3.1)的稳定性问题,建立系统(3.5)和系统(3.1)的稳定性判据.

定理3.2 令假设3.1至假设3.3和假设2.4都成立.如果存在对称和正定矩阵 P_h,正定对角矩阵 Q_h 和常数 α_h,这里 $h=\phi(i+1)$,使得

(ⅰ) $-P_hC_h-C_hP_h+P_hA_hQ_h^{-1}A_h^{\mathrm{T}}P_h+L_h^2Q_h-\alpha_hP_h\leqslant 0$, (3.9)

(ⅱ) $\frac{2}{\alpha_h}\left[\exp\left(\frac{\alpha_h\nu}{2}\right)-1\right](\|C_h\|+\|A_h\|L_h)\sqrt{\mu_h^{-1}\lambda_h}<1$, (3.10)

这里 $\mu_h=\lambda_{\min}(P_h)$, $\lambda_h=\lambda_{\max}(P_h)$, $\lambda_{\min}(\lambda_{\max})$ 表示正定矩阵 P_h 的最小(最大)特征值, $x(t)$ 是系统(3.2)在 $(\theta_i,\xi_i]$ 上的一个解. 那么,

a. $\|x^0(\theta_i)+W_i(x^0(\theta_i))\|\leqslant\beta_h\|x^0(\theta_i)\|$,

b. $\|x^1(t)-x^0(t)\|\leqslant\delta_h\|x^0(\theta_i)\|$, $t\in(\theta_i,\xi_i]$,

这里

$$\beta_h=\left\{1-\frac{2}{\alpha_h}\left[\exp\left(\frac{\alpha_h\nu}{2}\right)-1\right](\|C_h\|+\|A_h\|L_h)\sqrt{\mu_h^{-1}\lambda_h}\right\}^{-1}l_J\sqrt{\mu_h^{-1}\lambda_h}\exp\left(\frac{\alpha_h\nu}{2}\right),$$

$\delta_h=(1+\beta_h)\exp[\nu(\|C_h\|+\|A_h\|L_h)]$, $x^0(t)=x(t,\theta_i,x^0(\theta_i))$ 是系统(3.1)的一个解,它在 ξ_i 处与脉冲面 Γ_i 相交,即 $\xi_i=\theta_i+\tau_i(x^0(\xi_i))$. $x^1(t)$ 是系统(3.5)的一个解,使得 $x^1(\theta_i+)=x^0(\theta_i)+W_i(x^0(\theta_i))$, $x^1(\xi_i)=x^0(\xi_i+)=x^0(\xi_i)+J_i(x^0(\xi_i))$,这里 $W_i(x^0(\theta_i))$ 由系统(3.4)定义.

证明 设 $V\in\Omega$,定义

$$V(t)=x(t)^{\mathrm{T}}P_hx(t), t\in(\theta_i,\xi_i]. \tag{3.11}$$

系统(3.11)在区间 $(\theta_i,\xi_i]$ 上沿着子系统(3.2)的解的时间导数被计算如下:

$$\begin{aligned}D^+V(t)&\leqslant x(t)^{\mathrm{T}}(-P_hC_h-C_hP_h)x(t)+x(t)^{\mathrm{T}}P_hA_hQ_h^{-1}A_h^{\mathrm{T}}P_hx(t)+\\&\quad f_h^{\mathrm{T}}(x(t))Q_hf_h(x(t))\\&\leqslant x(t)^{\mathrm{T}}(-P_hC_h-C_hP_h+P_hA_hQ_h^{-1}A_h^{\mathrm{T}}P_h+L_h^2Q_h)x(t)\\&\leqslant\alpha_hV(t).\end{aligned}$$

这就导致 $V(t)\leqslant V(\theta_i+)\exp(\alpha_h(t-\theta_i))$, $t\in(\theta_i,\xi_i]$.

另一方面,有

$$\mu_h\|x(t)\|^2\leqslant V(t)\leqslant\lambda_h\|x(t)\|^2, t\in(\theta_i,\xi_i].$$

因此,

$$\|x(t)\|\leqslant[\mu_h^{-1}V(\theta_i+)\exp(\alpha_h(t-\theta_i))]^{1/2}$$

$$\leqslant\sqrt{\mu_h^{-1}\lambda_h}\exp\left(\frac{\alpha_h(t-\theta_i)}{2}\right)\|x(\theta_i+)\|.$$

进而,

$$\|x^0(t)\|\leqslant\sqrt{\mu_h^{-1}\lambda_h}\exp\left(\frac{\alpha_h(t-\theta_i)}{2}\right)\|x^0(\theta_i)\|,$$

$$\|x^1(t)\|\leqslant\sqrt{\mu_h^{-1}\lambda_h}\exp\left(\frac{\alpha_h(t-\theta_i)}{2}\right)\|x^0(\theta_i)+W_i(x^0(\theta_i))\|.$$

在此证明结论 a 成立. 由系统(3.4)得

$$\begin{aligned}
&\|x^0(\theta_i)+W_i(x^0(\theta_i))\|=\|x^1(\theta_i+)\|\\
&=\|x^1(\xi_i)-\int_{\theta_i}^{\xi_i}[-C_h(x^1(s))+A_hf_h(x^1(s))]\mathrm{d}s\|\\
&\leqslant\|x^0(\xi_i)+J_i(x^0(\xi_i))\|+(\|C_h\|+\|A_h\|L_h)\int_{\theta_i}^{\xi_i}\|x^1(s)\|\mathrm{d}s\\
&\leqslant l_J\|x^0(\xi_i)\|+(\|C_h\|+\|A_h\|L_h)\sqrt{\mu_h^{-1}\lambda_h}\|x^0(\theta_i)+\\
&\quad W_i(x^0(\theta_i))\|\int_{\theta_i}^{\xi_i}\exp\left(\frac{\alpha_h(s-\theta_i)}{2}\right)\mathrm{d}s\\
&\leqslant l_J\sqrt{\mu_h^{-1}\lambda_h}\exp\left(\frac{\alpha_h\nu}{2}\right)\|x^0(\theta_i)\|+\frac{2}{\alpha_h}(\exp(\alpha_h\nu/2)-1)\\
&\quad(\|C_h\|+\|A_h\|L_h)\sqrt{\mu_h^{-1}\lambda_h}\|x^0(\theta_i)+W_i(x^0(\theta_i))\|,
\end{aligned}$$

这隐含

$$\begin{aligned}
\|x^0(\theta_i)+W_i(x^0(\theta_i))\|&\leqslant\left\{1-\frac{2}{\alpha_h}\left[\exp\left(\frac{\alpha_h\nu}{2}\right)-1\right](\|C_h\|+\|A_h\|L_h)\right.\\
&\quad\left.\sqrt{\mu_h^{-1}\lambda_h}\right\}^{-1}l_J\sqrt{\mu_h^{-1}\lambda_h}\exp\left(\frac{\alpha_h\nu}{2}\right)\|x^0(\theta_i)\|\\
&=\beta_h\|x^0(\theta_i)\|.
\end{aligned}$$

最后,证明结论 b 成立. 由系统(3.6)得

$$\begin{aligned}
\|x^1(t)-x^0(t)\|&\leqslant\|W_i(x^0(\theta_i))\|\exp[\nu(\|C_h\|+\|A_h\|L_h)]\\
&\leqslant(1+\beta_h)\exp[\nu(\|C_h\|+\|A_h\|L_h)]\|x^0(\theta_i)\|
\end{aligned}$$

$$=\delta_h \| x^0(\theta_i) \|.$$

证毕.

注记 3.2 设定理 3.2 的条件成立,那么有

$$\{\delta_{\phi(1)},\delta_{\phi(2)},\cdots,\delta_{\phi(i)},\cdots\}=\{\delta_1,\delta_2,\cdots,\delta_m\}.$$

根据定理 3.2 的证明和 $\{\phi(1),\phi(2),\cdots,\phi(i),\cdots\}=\{1,2,\cdots,m\}$. 令 $\delta=\max\{\delta_1,\delta_2,\cdots,\delta_m\}$,那么定理 3.2 的结论 b 能被重写为

$$\| x^1(t)-x^0(t) \| \leqslant \delta \| x^0(\theta_i) \|, t\in(\theta_i,\xi_i], i\in Z_+. \tag{3.12}$$

注记 3.3 根据定理 3.2 和前面的讨论,不难得到,对系统(3.1)的任意解 $x^0(t)$,一定存在系统(3.5)的一个解 $x^1(t)$,使得当 $t\in(\theta_i,\xi_i]$时,$\| x^1(t)-x^0(t) \| \leqslant \delta \| x^0(\theta_i) \|$;当 $t\in[\theta_0,\theta_1]\cup(\xi_i,\theta_{i+1}]$时,$x^1(t)=x^0(t)$,反之亦然.

定理 3.3 假设定理 3.2 的所有条件都成立. 那么

(ⅰ)系统(3.5)的平凡解是全局渐进稳定的,暗示系统(3.1)的平凡解也是全局渐近稳定的.

(ⅱ)系统(3.5)的原点是全局指数稳定性的,暗示系统(3.1)的原点的同样稳定性.

证明 (ⅰ)既然系统(3.5)的平凡解是全局渐近稳定的,那么$\lim\limits_{t\to\infty} x^1(t)=0$,且$\lim\limits_{t\to\infty} x^1(\theta_i)=0$.

当 $t\in[\theta_0,\theta_1]$或 $t\in(\xi_i,\theta_{i+1}]$时,有 $\| x^0(t) \| = \| x^1(t) \|$;当 $t\in(\theta_i,\xi_i]$时,由(3.12),得

$$\begin{aligned}\| x^0(t) \| &\leqslant \| x^1(t)-x^0(t) \| + \| x^1(t) \| \\ &\leqslant \delta \| x^0(\theta_i) \| + \| x^1(t) \| \\ &=\delta \| x^1(\theta_i) \| + \| x^1(t) \|,\end{aligned}$$

进而,$\lim\limits_{t\to\infty} \| x^0(t) \| \leqslant \delta \lim\limits_{t\to\infty} \| x^1(\theta_i) \| + \lim\limits_{t\to\infty} \| x^1(t) \| =0$. 因此,系统(3.1)的平凡解是全局渐近稳定的.

(ⅱ)设 $x^0(t)=x(t,\theta_i,x^0(\theta_i))$是系统(3.1)的一个解,为相应的系统(3.5)的一个解 $x^1(t)$,根据系统(3.5)的全局指数稳定性,能假定存在正数 $M_1>0,\gamma_1>0$,

使得 $x^1(t)$ 满足 $\|x^1(t)\| \leqslant M_1\exp(-\gamma_1(t-\theta_0)), t\geqslant\theta_0$.

当 $t\in[\theta_0,\theta_1]$ 或 $t\in(\xi_i,\theta_{i+1}]$ 时,有

$$\|x^0(t)\| = \|x^1(t)\| \leqslant M_1\exp(-\gamma_1(t-\theta_0));$$

当 $t\in(\theta_i,\xi_i]$ 时,由(3.12),得

$$\begin{aligned}\|x^0(t)\| &\leqslant \|x^1(t)-x^0(t)\| + \|x^1(t)\|\\ &\leqslant\delta\|x^0(\theta_i)\| + M_1\exp(-\gamma_1(t-\theta_0))\\ &\leqslant\delta M_1\exp(-\gamma_1(\theta_i-\theta_0)) + M_1\exp(-\gamma_1(t-\theta_0))\\ &= M_1[1+\delta\exp(\gamma_1(t-\theta_i))]\exp(-\gamma_1(t-\theta_0))\\ &\leqslant M_1[1+\delta\exp(\gamma_1\nu)]\exp(-\gamma_1(t-\theta_0)).\end{aligned}$$

因此,存在正数 $M_2=M_1[1+\delta\exp(\gamma_1\nu)]$, $\gamma_2=\gamma_1$ 使得系统(3.1)的解 $x^0(t)$ 满足 $\|x^0(t)\| \leqslant M_2\exp(-\gamma_2(t-\theta_0))$,即系统(3.1)的原点是全局指数稳定的.

证毕.

定理 3.4　如果定理 3.2 的所有条件都成立,且

$$\sum_{k=2}^{i+1}\ln(\rho\beta_{\phi(k)}^2) + \sum_{k=1}^{i}\alpha_{\phi(k)}(\theta_k-\theta_{k-1}) + \alpha_h(t-\theta_i) \leqslant \varphi(\theta_0,t), \quad (3.13)$$

这里 $t\in(\theta_i,\theta_{i+1}]$, $\rho=\max\limits_{u,l\in U}\dfrac{\lambda_{\max}(P_u)}{\lambda_{\min}(P_l)}$, $\varphi(\theta_0,t)$ 在 R_+ 上是连续函数.

那么 $\lim\limits_{t\to\infty}\varphi(\theta_0,t)=-\infty$ 暗示系统(3.5)的平凡解是全局渐近稳定的;若 $\varphi(\theta_0,t)\leqslant M-d(t-\theta_0), t\geqslant\theta_0$,这里 M,d 都是常数,且 $M>0, d>0$,暗示系统(3.5)的原点是全局指数稳定的.

证明　考虑切换 Lyapunov 函数

$$V(t)=x(t)^{\mathrm{T}}P_hx(t), t\in(\theta_i,\theta_{i+1}], h=\phi(i+1).$$

类似定理 3.2 的证明,在定理 3.2 的条件(ⅰ)下,有

$$D^+V(t)\leqslant\alpha_hV(t), t\in(\theta_i,\theta_{i+1}].$$

因此

$$V(t)\leqslant V(\theta_i+)\exp(\alpha_h(t-\theta_i)), t\in(\theta_i,\theta_{i+1}]. \quad (3.14)$$

不难看到

$$V(\theta_i+)\leqslant\lambda_{\max}(P_h)\|x(\theta_i+)\|^2\leqslant\beta_h^2\lambda_{\max}(P_h)\|x(\theta_i)\|^2\leqslant\rho\beta_h^2V(\theta_i). \tag{3.15}$$

将系统(3.15)代入系统(3.14),得

$$V(t)\leqslant\rho\beta_h^2\exp(\alpha_h(t-\theta_i))V(\theta_i). \tag{3.16}$$

依次在每个区间用系统(3.16),得到下面的结果. $t\in(\theta_i,\theta_{i+1}]$,

$$\begin{aligned}V(t)&\leqslant\rho\beta_h^2V(\theta_i)\exp(\alpha_h(t-\theta_i))\\&\leqslant V(\theta_0)\prod_{k=2}^{i+1}(\rho\beta_{\phi(k)}^2)\exp\Big(\sum_{k=1}^{i}\alpha_{\phi(k)}(\theta_k-\theta_{k-1})+\alpha_h(t-\theta_i)\Big)\\&\leqslant V(\theta_0)\exp(\varphi(\theta_0,t)).\end{aligned}$$

即

$$V(t)\leqslant V(\theta_0)\exp(\varphi(\theta_0,t)). \tag{3.17}$$

不难看到

$$\mu_h\|x(t)\|^2\leqslant x(t)^{\mathrm T}P_hx(t)\leqslant\lambda_h\|x(t)\|^2. \tag{3.18}$$

将(3.18)代入(3.17),得

$$\|x(t)\|\leqslant\sqrt{\rho}\|x_0\|\exp\left(\frac{\varphi(\theta_0,t)}{2}\right),t\geqslant\theta_0,$$

这暗示了定理的结论. 证毕.

注记 3.4　在定理 3.4 中,一个保证系统(3.5)全局渐近或指数稳定的一般判据被建立. 不等式(3.9)刻画了第 i 个子系统的稳定性;也就是,如果 $\alpha_h<0$,不等式(3.9)暗示了第 i 个子系统是 π_1-类;如果第 i 个子系统是不稳定的,那么 $\alpha_h\geqslant0$. 不等式(3.13)刻画了脉冲效应, $\sum_{k=1}^{i}\ln(\rho\beta_{\phi(k)}^2)$ 和切换效应, $\sum_{k=1}^{i}\alpha_{\phi(k)}(\theta_k-\theta_{k-1})+\alpha_h(t-\theta_i)$ 都是总体考虑,即没有特别的限制在单个的 $\ln(\rho\beta_{\phi(k)}^2)$ 和 α_h 中,切换模式和切换区间也是. 事实上,它允许一些不稳定的子系统和在一些子系统里的不稳定的脉冲.

推论 3.1　设定理 3.2 的条件(ⅰ)成立.如果下列条件之一被满足,那么系统(3.5)的原点是全局指数稳定的.

(ⅰ)$\alpha_r<-\alpha<-\varrho<0$ 对所有 $r\in U$,这里 α 和 ϱ 是常数,使得

$$\ln(\rho\beta_{\phi(k)}^2)-\varrho(\theta_k-\theta_{k-1})\leqslant 0,k=1,2,\cdots.$$

(ⅱ)对所有 $r\in U$,α 和 η 是正数且满足 $\eta>\alpha\geqslant|\alpha_r|$,使得

$$\ln(\rho\beta_{\phi(k)}^2)+\eta(\theta_k-\theta_{k-1})\leqslant 0,k=1,2,\cdots.$$

这个推论的证明类似于文献[36]的推论 1,因此在这里它被省略.

注记 3.5　容易看到推论 3.1 的条件(ⅰ)暗示了所有子系统是 π_1-类,对切换子系统的脉冲没有特别要求.在推论 3.1 的条件(ⅱ)中,参数 α_r 可以是正的或负的,这暗示切换子系统是稳定的或不稳定的,然而,每个子系统的脉冲必须是稳定的.推论 3.1 的条件(ⅰ)和条件(ⅱ)比定理 3.4 更严格.但在推论 3.1 的基础上,能得到系统(3.5)的平凡解的指数收敛率的一个估计.事实上,如果推论 3.1 的条件(ⅰ)成立,可得

$$\|x(t)\|\leqslant\sqrt{\rho}\,\|x_0\|\exp\left(\frac{-(\alpha-\varrho)(t-\theta_0)}{2}\right),t\geqslant\theta_0;$$

如果推论 3.1 的条件(ⅱ)成立,得

$$\|x(t)\|\leqslant\sqrt{\rho}\exp\left(\frac{\eta\bar{\theta}}{2}\right)\|x_0\|\exp\left(\frac{-(\eta-\alpha)(t-\theta_0)}{2}\right),t\geqslant\theta_0.$$

在此考虑一种特殊的情形,如果在定理 3.4 的证明中选择 $V(t)=x(t)^{\mathrm{T}}Px(t)$,那么有如下的结果.

推论 3.2　设有对称、正定矩阵 P,正定对角矩阵 Q_j,$j=\phi(k)$,$h=\phi(i+1)$,一个常数 α,使得下列条件之一成立

(ⅰ)$-PC_j-C_jP+PA_jQ_j^{-1}A_j^{\mathrm{T}}P+L_j^2Q_j+\alpha P<0,\ln(\rho\beta_{\phi(k)}^2)-\alpha\underline{\theta}\leqslant 0$,

(ⅱ)$-PC_j-C_jP+PA_jQ_j^{-1}A_j^{\mathrm{T}}P+L_j^2Q_j-\alpha P<0,\ln(\rho\beta_{\phi(k)}^2)+\alpha\bar{\theta}\leqslant 0$,

那么系统(3.5)的平凡解是全局指数稳定的.

证明　如果条件(ⅰ)成立,$t\in(\theta_i,\theta_{i+1}]$,根据条件(ⅰ)和定理 3.4,能假设

$$-PC_j-C_jP+PA_jQ_j^{-1}A_j^{\mathrm{T}}P+L_j^2Q_j\leqslant\alpha_jP\leqslant-\eta P<-\alpha P,$$

这里的 α_j 和 η 都是常数,那么

$$\sum_{k=1}^{i}\alpha_{\phi(k)}(\theta_k-\theta_{k-1})+\alpha_h(t-\theta_i)\leqslant-\eta(t-\theta_0).$$

由 $\ln(\rho\beta_{\phi(k)}^2)-\alpha\underline{\theta}\leqslant0$,得

$$\sum_{k=2}^{i+1}\ln(\rho\beta_{\phi(k)}^2)\leqslant\alpha(\theta_i-\theta_0)\leqslant\alpha(t-\theta_0).$$

因此,

$$\sum_{k=2}^{i+1}\ln(\rho\beta_{\phi(k)}^2)+\sum_{k=1}^{i}\alpha_{\phi(k)}(\theta_k-\theta_{k-1})+\alpha_h(t-\theta_i)\leqslant-(\eta-\alpha)(t-\theta_0).$$

令 $\varphi(\theta_0,t)=-(\eta-\alpha)(t-\theta_0)$,注意到 $\eta-\alpha>0$,由定理 3.4 可得结论.

如果条件(ⅱ)成立,$t\in(\theta_i,\theta_{i+1}]$,根据条件(ⅱ)和定理 3.4,我们能假设

$$-PC_j-C_jP+PA_jQ_j^{-1}A_j^{\mathrm{T}}P+L_j^2Q_j\leqslant\alpha_jP\leqslant\zeta P<\alpha P,$$

这里的 α_j 和 ζ 都是常数,那么

$$\sum_{k=1}^{i}\alpha_{\phi(k)}(\theta_k-\theta_{k-1})+\alpha_h(t-\theta_i)\leqslant\zeta(t-\theta_0).$$

由 $\ln(\rho\beta_{\phi(k)}^2)+\alpha\bar{\theta}\leqslant0$,可得

$$\sum_{k=2}^{i+1}\ln(\rho\beta_{\phi(k)}^2)\leqslant-\alpha(\theta_i-\theta_0)\leqslant-\alpha(\theta_i-\theta_0)+\alpha\bar{\theta}-\alpha(t-\theta_i)\leqslant\alpha\bar{\theta}-\alpha(t-\theta_0).$$

因此,

$$\sum_{k=2}^{i+1}\ln(\rho\beta_{\phi(k)}^2)+\sum_{k=1}^{i}\alpha_{\phi(k)}(\theta_k-\theta_{k-1})+\alpha_h(t-\theta_i)\leqslant\alpha\bar{\theta}-(\alpha-\zeta)(t-\theta_0).$$

令 $\varphi(\theta_0,t)=\alpha\bar{\theta}-(\alpha-\zeta)(t-\theta_0)$,注意到 $\alpha-\zeta>0$,结论可得.

注记 3.6　在推论 3.2 的条件(ⅰ)中,令 $\eta=\min\{-\alpha_1,-\alpha_2,\cdots,-\alpha_m\}$,容易发现 η. 相似地,在推论 3.2 的条件(ⅱ)中,令 $\zeta=\max\{\alpha_1,\alpha_2,\cdots,\alpha_m\}$,能发现 ζ. 即推论 3.2 的条件真的能成立.

现在给出本章的主要结果:利用系统(3.5)得到系统(3.1)的稳定性判据. 在上面讨论的基础上,以下定理立即可得.

定理 3.5　令假设 3.1 至假设 3.3 和假设 2.4 都成立. 如果存在对称和正定矩阵 P_h,正定对角矩阵 Q_h 和常数 α_h,这里的 $t\in(\theta_i,\theta_{i+1}]$,$h=\phi(i+1)$,使得

(ⅰ) $-P_hC_h-C_hP_h+P_hA_hQ_h^{-1}A_h^{\mathrm{T}}P_h+L_h^2Q_h-\alpha_hP_h\leqslant 0$,

(ⅱ) $\dfrac{2}{\alpha_h}\left[\exp\left(\dfrac{\alpha_h\nu}{2}\right)-1\right](\|C_h\|+\|A_h\|L_h)\sqrt{\mu_h^{-1}\lambda_h}<1$,

(ⅲ) $\sum\limits_{k=2}^{i+1}\ln(\rho\beta_{\phi(k)}^2)+\sum\limits_{k=1}^{i}\alpha_{\phi(k)}(\theta_k-\theta_{k-1})+\alpha_h(t-\theta_i)\leqslant\varphi(\theta_0,t)$,

那么 $\lim\limits_{t\to\infty}\varphi(\theta_0,t)=-\infty$ 暗示系统(3.1)的平凡解是全局渐近稳定的;若 $\varphi(\theta_0,t)\leqslant M-d(t-\theta_0)$,$t\geqslant\theta_0$,这里的 M,d 都是常数,且 $M>0$,$d>0$,暗示系统(3.1)的原点是全局指数稳定的.

类似推论 3.1 和推论 3.2,这里的定理 3.5 也有相应的推论.

推论 3.3　设定理 3.2 的所有条件都成立. 如果下列条件之一被满足,那么系统(3.1)的原点是全局指数稳定的.

(ⅰ) $\alpha_r<-\alpha<-\varrho<0$ 对所有 $r\in U$,这里的 α 和 ϱ 是常数,使得

$$\ln(\rho\beta_{\phi(k)}^2)-\varrho(\theta_k-\theta_{k-1})\leqslant 0,k=1,2,\cdots.$$

(ⅱ) 对所有的 $r\in U$,α 和 η 是正数且满足 $\eta>\alpha\geqslant|\alpha_r|$,使得

$$\ln(\rho\beta_{\phi(k)}^2)+\eta(\theta_k-\theta_{k-1})\leqslant 0,k=1,2,\cdots.$$

推论 3.4　令假设 3.1、假设 3.2、假设 2.4 和假设 3.3 都成立. 如果存在对称、正定矩阵 P,正定对角矩阵 Q_j,$j=\phi(k)$,一个常数 α,使得

$$\frac{2}{\alpha}\left[\exp\left(\frac{\alpha\nu}{2}\right)-1\right](\|C_j\|+\|A_j\|L_j)\sqrt{\mu^{-1}\lambda}<1,$$

这里 $\mu=\lambda_{\min}(P)$,$\lambda=\lambda_{\max}(P)$,且下列条件之一成立

(ⅰ) $-PC_j-C_jP+PA_jQ_j^{-1}A_j^{\mathrm{T}}P+L_j^2Q_j+\alpha P<0$,$\ln(\rho\beta_j^2)-\alpha\underline{\theta}\leqslant 0$,

(ⅱ) $-PC_j-C_jP+PA_jQ_j^{-1}A_j^{\mathrm{T}}P+L_j^2Q_j-\alpha P<0$,$\ln(\rho\beta_j^2)+\alpha\overline{\theta}\leqslant 0$,

那么系统(3.1)的平凡解是全局指数稳定的.

注记 3.7　基于上述讨论,容易看到:因为脉冲时刻不固定,状态相关的脉

冲切换系统是非常复杂的. 因此,在这种情形下通常很难设计脉冲控制器. 在未来的研究中,将考虑这一问题.

3.3 数值仿真

在前面的讨论中,关于状态相关的脉冲切换 HNN 的全局稳定性的一些新的理论结果已经被提出来了. 现在给出两个例子阐明它的有效性. 为了简化,下面一个仅有两个神经元的脉冲切换 HNN 模型被分析,并且假设每个混杂系统仅有两个子系统,切换顺序是 1→2→1→2→⋯.

【例 3.1】 考虑下列状态相关的脉冲切换 HNN,注意在$[\theta_0,\theta_1]$中没有脉冲:

$$\begin{cases}\dot{x}(t)=-C_1x(t)+A_1f_1(x(t)),t\in(KT,KT+\sigma T],\\ K=0,1,2,\cdots,t\neq\theta_i+\tau_i(x(t)),\\ \Delta x(t)=J_1(x(t)),t=\theta_i+\tau_i(x(t)),i=2K,K=1,2,3,\cdots,\\ \dot{x}(t)=-C_2x(t)+A_2f_2(x(t)),t\in(KT+\sigma T,(K+1)T],\\ K=0,1,2,\cdots,t\neq\theta_{i+1}+\tau_{i+1}(x(t)),\\ \Delta x(t)=J_2(x(t)),t=\theta_{i+1}+\tau_{i+1}(x(t)),i=2K,K=0,1,2,\cdots,\end{cases}\tag{3.19}$$

这里的 $T=2,\sigma=0.5,\theta_i=i,\theta_{i+1}=i+1,\tau_i(x)=\tau_{i+1}(x)=0.2\ \operatorname{arccot}(x_1^2),\nu=0.1\pi$, $J_1(x)=0.386x,J_2(x)=0.364x$,

$$f_1(x(t))=f_2(x(t))=\begin{pmatrix}\sin x_1(t)\\ \sin x_2(t)\end{pmatrix},$$

并且

$$C_1=C_2=\begin{pmatrix}1&0\\0&1\end{pmatrix},A_1=\begin{pmatrix}0.1&-0.1\\-0.15&0.2\end{pmatrix},A_2=\begin{pmatrix}0.15&-0.2\\0.1&0.25\end{pmatrix}.$$

解推论 3.4 的条件(ⅱ)的线性矩阵不等式,得到一个可行解如下:

$$P=\begin{pmatrix}7.83 & 0.31\\ 0.31 & 9.09\end{pmatrix},Q_1=\begin{pmatrix}2.78 & 0\\ 0 & 2.51\end{pmatrix},Q_2=\begin{pmatrix}1.38 & 0\\ 0 & 2.72\end{pmatrix}.$$

且 $\alpha=-1.4$.

注意

$$\begin{aligned}
&\frac{\mathrm{d}\,\tau_i(x)}{\mathrm{d}x}[-C_1(x(t))+A_1f_1(x(t))]\\
&=0.4x_1\left(-\frac{1}{1+x_1^4},0\right)\begin{pmatrix}-x_1+0.1\sin x_1-0.1\sin x_2\\ -x_2-0.15\sin x_1+0.2\sin x_2\end{pmatrix}\\
&=0.4x_1\frac{x_1-0.1\sin x_1+0.1\sin x_2}{1+x_1^4}\\
&\leqslant\frac{0.4x_1^2+0.2\mid x_1\mid}{1+x_1^4}\\
&\leqslant\frac{0.4x_1^2+0.25+0.04x_1^2}{1+x_1^4}\\
&\leqslant\frac{0.25+x_1^4+0.048\,4}{1+x_1^4}\\
&<1.
\end{aligned}$$

进而

$$\begin{aligned}\tau_i(x+J_i(x))-\tau_i(x)&=0.2[\operatorname{arccot}(1.386^2x_1^2)-\operatorname{arccot}(x_1^2)]\\ &\leqslant 0,\end{aligned}$$

即$\tau_i(x+J_i(x))\leqslant\tau_i(x)$.

相似地,$\frac{\mathrm{d}\,\tau_{i+1}(x)}{\mathrm{d}x}[-C_2(x(t))+A_2f_2(x(t))]<1$,$\tau_{i+1}(x+J_i(x))\leqslant\tau_{i+1}(x)$. 因此,假设 3.3 成立. 通过简单的计算可得

$$\frac{2}{\alpha}\left[\exp\left(\frac{\alpha\nu}{2}\right)-1\right](\parallel C_1\parallel+\parallel A_1\parallel L_1)\sqrt{\mu^{-1}\lambda}\approx 0.394<1,$$

$$\frac{2}{\alpha}\left[\exp\left(\frac{\alpha\nu}{2}\right)-1\right](\parallel C_2\parallel+\parallel A_2\parallel L_2)\sqrt{\mu^{-1}\lambda}\approx 0.405<1,$$

$\beta_1 = 1.995$, $\beta_2 = 1.998$，进而，

$$2\ln 1.995 - 1.4 \approx -0.019 < 0,$$

$$2\ln 1.998 - 1.4 \approx -0.016 < 0.$$

容易看到推论 3.4 的所有假设都被满足. 所以系统(3.19)的原点是全局指数稳定的，如图 3.2 所示($x(0) = (0.6 \quad -0.5)^{\mathrm{T}}$).

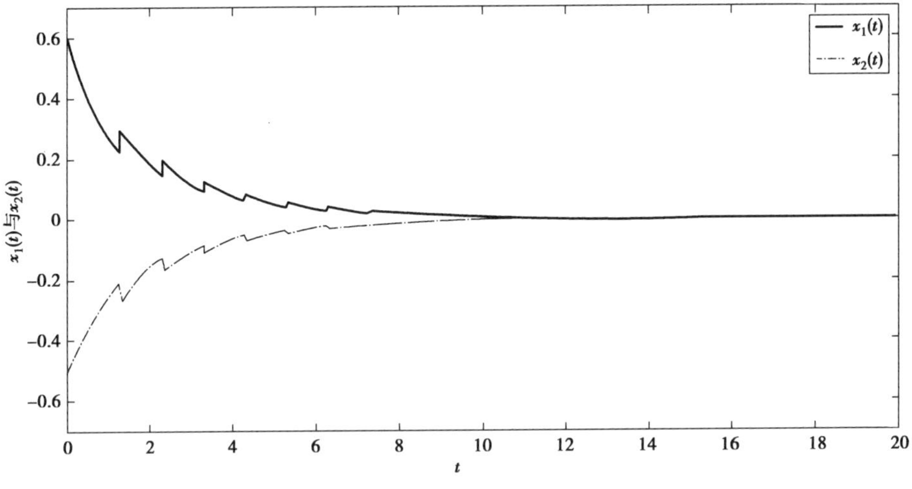

图 3.2　例 3.1 中的系统(3.19)的时间响应曲线

【例 3.2】　再次考虑状态相关的脉冲切换 HNN，注意在$[\theta_0, \theta_1]$中没有脉冲：

$$\begin{cases} \dot{x}(t) = -C_1 x(t) + A_1 f_1(x(t)), t \in (KT, KT+\sigma T], \\ K = 0, 1, 2, \cdots, t \neq \theta_i + \tau_i(x(t)), \\ \Delta x(t) = J_1(x(t)), t = \theta_i + \tau_i(x(t)), i = 2K, K = 1, 2, 3, \cdots, \\ \dot{x}(t) = -C_2 x(t) + A_2 f_2(x(t)), t \in (KT+\sigma T, (K+1)T], \\ K = 0, 1, 2, \cdots, t \neq \theta_{i+1} + \tau_{i+1}(x(t)), \\ \Delta x(t) = J_2(x(t)), t = \theta_{i+1} + \tau_{i+1}(x(t)), i = 2K, K = 0, 1, 2, \cdots, \end{cases} \tag{3.20}$$

这里的 $T=2$, $\sigma=0.5$, $\theta_i = i$, $\theta_{i+1} = i+1$, $\tau_i(x) = \tau_{i+1}(x) = \dfrac{[\arctan(x_1)]^2}{2\pi}$, $\nu = 0.125\pi$,

$J_1(x) = -1.41x$, $J_2(x) = -1.43x$,

$$f_1(x(t))=f_2(x(t))=\begin{pmatrix}\sin x_1(t)\\ \sin x_2(t)\end{pmatrix},$$

且

$$C_1=C_2=\begin{pmatrix}0.2 & 0\\ 0 & 0.2\end{pmatrix},A_1=\begin{pmatrix}0.3 & -0.1\\ -0.1 & 0.5\end{pmatrix},A_2=\begin{pmatrix}0.3 & -0.2\\ 0.1 & 0.4\end{pmatrix}.$$

解推论 3.4 的条件(ⅱ)的线性矩阵不等式,得到一个可行解如下:

$$P=\begin{pmatrix}5.58 & 0.05\\ 0.05 & 5.61\end{pmatrix},Q_1=\begin{pmatrix}3.02 & 0\\ 0 & 3.04\end{pmatrix},Q_2=\begin{pmatrix}2.88 & 0\\ 0 & 3.30\end{pmatrix},$$

且 $\alpha=0.7$.

注意到

$$\frac{\mathrm{d}\,\tau_i(x)}{\mathrm{d}x}[-C_1(x(t))+A_1f_1(x(t))]$$

$$=\frac{1}{\pi}\arctan(x_1)\left(\frac{1}{1+x_1^2},0\right)\begin{pmatrix}-0.2x_1+0.3\sin x_1-0.1\sin x_2\\ -0.2x_2-0.1\sin x_1+0.5\sin x_2\end{pmatrix}$$

$$\leqslant\frac{|-0.2x_1|+|0.3\sin x_1-0.1\sin x_2|}{2(1+x_1^2)}$$

$$\leqslant\frac{0.01+x_1^2+0.4}{2(1+x_1^2)}$$

$$<1.$$

进而

$$\tau_i(x+J_i(x))-\tau_i(x)=\frac{1}{2\pi}\{[\arctan((1-1.41)x_1)]^2-[\arctan(x_1)]^2\}$$

$$=\frac{1}{2\pi}\{[\arctan(|0.41x_1|)]^2-[\arctan(|x_1|)]^2\}$$

$$=\frac{1}{2\pi}[\arctan(|0.41x_1|)+\arctan(|x_1|)][\arctan(|0.41x_1|)-\arctan(|x_1|)]$$

$$\leqslant 0,$$

即$\tau_i(x+J_i(x))\leqslant\tau_i(x)$.

类似地,$\dfrac{\mathrm{d}\,\tau_{i+1}(x)}{\mathrm{d}x}[-C_2(x(t))+A_2f_2(x(t))]<1$,$\tau_{i+1}(x+J_i(x))\leqslant\tau_{i+1}(x)$. 因此,假设 3.3 成立. 通过简单计算可得

$$\frac{2}{\alpha}\left[\exp\left(\frac{\alpha\nu}{2}\right)-1\right](\|C_1\|+\|A_1\|L_1)\sqrt{\mu^{-1}\lambda}\approx 0.315<1,$$

$$\frac{2}{\alpha}\left[\exp\left(\frac{\alpha\nu}{2}\right)-1\right](\|C_2\|+\|A_2\|L_2)\sqrt{\mu^{-1}\lambda}\approx 0.277<1,$$

$\beta_1=0.693$,$\beta_2=0.689$,进而,

$$2\ln 0.693+0.7\approx -0.034<0,$$

$$2\ln 0.689+0.7\approx -0.045<0.$$

容易看到推论 3.4 的所有假设都被满足. 所以系统(3.20)的原点是全局指数稳定的,如图 3.3 所示($x(0)=(0.5\quad -0.4)^{\mathrm{T}}$).

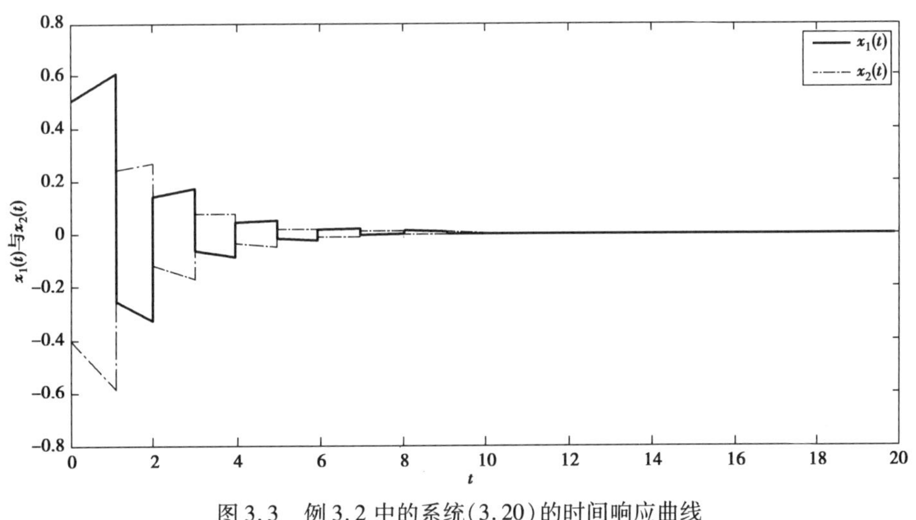

图 3.3　例 3.2 中的系统(3.20)的时间响应曲线

另外,从图 3.3 可以看出,稳定脉冲在平衡点处能使不稳定的连续子系统变得稳定,这和理论上的预测是一致的.

3.4 本章小结

在本章中,利用 B-等价法,研究了状态相关的脉冲切换 Hopfield 神经网络的全局稳定性. 在精心选择的条件下,状态相关的脉冲切换系统能被转化为固定时刻的脉冲切换系统. 在该基础上,要考虑 HNN 的一个新的稳定性判据被获得. 这已经改进了近年来相关文献报告的有关结果. 后面通过两个数值例子展示了理论结果的有效性.

4　混杂状态相关脉冲和切换 Cohen-Grossberg 神经网络

著名的 Cohen-Grossberg 神经网络（CGNN），最初被 Cohen 和 Grossberg 于 1983 年提出并研究[37]. 由于在许多领域具有潜在的、有前途的多种应用，CGNN 在过去几十年里已吸引了越来越多人的关注. 特别地，一个 CGNN 优化求解需要有一个全局渐近稳定的平衡点，对应于目标函数的全局最优解[38]. 因此，CGNN 的全局稳定性已得到了广泛的研究和发展[44-52].

在神经网络模型中，同时考虑状态相关的脉冲和切换是非常重要的. 如今，混杂脉冲和切换系统已被广泛研究[22-24]. 然而，他们仅考虑固定时刻的脉冲，并且脉冲发生在切换瞬间. 在本章中，将研究状态相关的脉冲切换 CGNN 的全局稳定性. 在该系统里，切换发生在固定时刻，脉冲不发生在固定时刻. 据著者所知，这是第一个切换 CGNN 模型，考虑状态相关的脉冲. 首先，将给出确保系统的每个解穿过每个脉冲面正好一次的充分条件. 其次，证明状态相关的脉冲切换 CGNN 的解的存在性. 再次，获得新的跳跃算子和系统状态的线性关系，并且证明比较系统的全局稳定性暗示了要考虑的状态相关的脉冲切换 CGNN 的同样的稳定性. 最后，用提出的较系统的方法建立要考虑的 CGNN 的一个稳定性判据.

4.1　预备知识和模型

在本章中，考虑状态相关的脉冲切换 CGNN：

$$\begin{cases}\dot{x}(t)=-A_{\phi(i+1)}(x(t))[B_{\phi(i+1)}(x(t))-C_{\phi(i+1)}f_{\phi(i+1)}(x(t))],\\ \qquad t\in(\theta_i,\theta_{i+1}],t\neq\theta_i+\tau_i(x(t)),\\ \Delta x(t)=J_i(x(t)),t=\theta_i+\tau_i(x(t)),\end{cases}\tag{4.1}$$

系统(4.1)包含切换 CGNN 作为它的连续子系统:

$$\begin{cases}\dot{x}(t)=-A_{\phi(i+1)}(x(t))[B_{\phi(i+1)}(x(t))-C_{\phi(i+1)}f_{\phi(i+1)}(x(t))],\\ \qquad t\in(\theta_i,\theta_{i+1}],t\neq\theta_i+\tau_i(x(t)),\end{cases}\tag{4.2}$$

和状态跳跃作为它的离散子系统:

$$\Delta x(t)=J_i(x(t)),t=\theta_i+\tau_i(x(t)),\tag{4.3}$$

这里,x 是状态变量,$x=(x_1,\cdots,x_n)^{\mathrm{T}}\in G\subset R^n$,$\phi:z_+\to U=\{1,2,\cdots,m\}$,$m$ 是一个正整数,即$\{\phi(1),\phi(2),\cdots,\phi(i),\cdots\}=\{1,2,\cdots,m\}$. 时间序列$\{\theta_i\}$满足 $\theta_0=0<\theta_1<\cdots<\theta_i<\theta_{i+1}<\cdots$,当 $j\to\infty$ 时,$\theta_j\to\infty$. $k\in\{1,2,\cdots,m\}$,$A_k(x)=\mathrm{diag}(a_1^{(k)}(x_1),a_2^{(k)}(x_2),\cdots,a_n^{(k)}(x_n))$,$B_k(x)=(b_1^{(k)}(x_1),b_2^{(k)}(x_2),\cdots,b_n^{(k)}(x_n),)^{\mathrm{T}}$,$B_k(0)=0$,$C_k=(c_{uv}^{(k)})\in R^{n\times n}$,$f_k(x)=(f_1^{(k)}(x_1),\cdots,f_n^{(k)}(x_n))^{\mathrm{T}}\in R^n$ 是激活函数,满足 $f_k(0)=0$. $\Delta x|_{t=\xi_i}=x(\xi_i+)-x(\xi_i)$,$x(\xi_i+)=\lim\limits_{t\to\xi_i+0}x(t)$表示在时刻 ξ_i 的状态跳跃,且 $\xi_i=\theta_i+\tau_i(x(\xi_i))$. 不失一般性,假设 $x(\xi_i-)=\lim\limits_{t\to\xi_i-0}x(t)=x(\xi_i)$,即解 $x(t)$在脉冲点是左连续的.

θ_0 是初值,特别地,有

$$\begin{cases}\dot{x}(t)=-A_{\phi(1)}(x(t))[B_{\phi(1)}(x(t))-C_{\phi(1)}f_{\phi(1)}(x(t))],t\in[\theta_0,\theta_1],\\ x(\theta_0)=x_0,\end{cases}$$

在此引入下面的假设.

假设 4.1 令 $h=\phi(i+1)$,$A_h(x(t))$,$B_h(x(t))$,激活函数 $f_h(x(t))$是全局 Lipschitzian,即存在正数 L_{ah},L_{bh},L_{fh},使得

(i) $\|A_h(x(t))-A_h(y(t))\|\leqslant L_{ah}\|x(t)-y(t)\|$,对任意 $x(t),y(t)\in R^n$;

(ii) $\|B_h(x(t))-B_h(y(t))\|\leqslant L_{bh}\|x(t)-y(t)\|$,对任意 $x(t),y(t)\in R^n$;

(iii) $\|f_h(x(t))-f_h(y(t))\|\leqslant L_{fh}\|x(t)-y(t)\|$,对任意 $x(t),y(t)\in R^n$.

并且 $A_h(x(t))$ 是有界的，即 $\| A_h(x(t)) \| \leqslant \bar{a}_h$，对任意 $x(t) \in R^n$.

假设 4.2　对每个 $i \in Z_+, x \in G, J_i(x): G \to G$ 是连续的，满足 $J_i(0)=0$，$\tau_i(0)=0$，并且存在正数 L_J 使得 $\| x+J_i(x) \| \leqslant L_J \| x \|$.

注记 4.1　设 $x(t)$ 是系统(4.1)的一个解，在脉冲点 ξ_k，$x(\xi_k+)=x(\xi_k)+J_k(x(\xi_k))$. 由假设 4.1.2 得 $\| x(\xi_k+) \| \leqslant L_J \| x(\xi_k) \|$. 在本章中，对每个脉冲时刻 ξ_k，如果 $\| x(\xi_k+) \| = \| x(\xi_k)+J_k(x(\xi_k)) \| < \| x(\xi_k) \|$，那么在 ξ_k 的脉冲是稳定脉冲；如果 $\| x(\xi_k+) \| = \| x(\xi_k)+J_k(x(\xi_k)) \| > \| x(\xi_k) \|$，那么在 ξ_k 的脉冲是不稳定脉冲.

注记 4.2　通过假设 4.2 和前面的讨论，容易看出系统(4.1)的原点是一个平衡点. 这个平衡点的唯一性从它的全局渐近或指数稳定性(将在本章的第二部分给出证明)能得到.

最后给出两个定义.

定义 4.1[22]　若一个分段连续函数 $x(t)=x(t;\theta_0,x_0)$ 是系统(4.1)的一个解，

如果：(ⅰ)对 $t \in [\theta_0,\theta_1]$，这个解正好为

$$\begin{cases} \dot{x}(t) = -A_{\phi(1)}(x(t))[B_{\phi(1)}(x(t)) - C_{\phi(1)}f_{\phi(1)}(x(t))], t \in [\theta_0,\theta_1], \\ x(\theta_0)=x_0, \end{cases}$$

的解，

(ⅱ)假设在 $[\theta_0,\theta_{i-1}]$，这个解已经被确定了，然后对 $(\theta_{i-1},\theta_i]$，这个解正好为

$$\begin{cases} \dot{x}(t) = -A_{\phi(i)}(x(t))[B_{\phi(i)}(x(t)) - C_{\phi(i)}f_{\phi(i)}(x(t))], \\ \qquad t \in (\theta_{i-1},\theta_i], t \neq \theta_{i-1}+\tau_{i-1}(x(t)), \\ \Delta x(t) = J_{i-1}(x(t)), t=\theta_{i-1}+\tau_{i-1}(x(t)). \end{cases}$$

的解.

定义 3.2 在本章中也将用到，为了简洁，这里就不作赘述.

4.2 状态相关脉冲切换 Cohen-Grossberg 神经网络的全局稳定性

4.2.1 切换系统的 beating 缺乏的条件和 B-等价法

类似于第 2 章,也给出假设 2.4 和下列的假设.

假设 4.3 对 $j\in Z_+$,令 $x(t):[\theta_j,\theta_j+\nu]\to G$ 是系统(4.1)在 $[\theta_j,\theta_j+\nu]$ 上的一个解,下面两个条件之一被满足:

$$(\text{i})\begin{cases}\dfrac{\mathrm{d}\tau_j(x)}{\mathrm{d}x}\{-A_{\phi(j+1)}(x(t))[B_{\phi(j+1)}(x(t))-C_{\phi(j+1)}f_{\phi(j+1)}(x(t))]\}>1, x\in G,\\ \tau_j[x(\xi_j)+J_j(x(\xi_j))]\geqslant\tau_j(x(\xi_j)), t=\xi_j,\end{cases}$$

$$(\text{ii})\begin{cases}\dfrac{\mathrm{d}\tau_j(x)}{\mathrm{d}x}\{-A_{\phi(j+1)}(x(t))[B_{\phi(j+1)}(x(t))-C_{\phi(j+1)}f_{\phi(j+1)}(x(t))]\}<1, x\in G,\\ \tau_j[x(\xi_j)+J_j(x(\xi_j))]\leqslant\tau_j(x(\xi_j)), t=\xi_j,\end{cases}$$

这里 $t=\xi_j$ 是系统(4.1)的脉冲点,即 $\xi_j=\theta_j+\tau_j(x(\xi_j))$.

引理 4.1 如果假设 2.4 被满足,且 $x(t):R_+\to G$ 是系统(4.1)的一个解,那么 $x(t)$ 穿过每个面 $\Gamma_i, i\in Z_+$.

这个引理的证明非常类似文献[18]的引理 5.3.2 的证明,因此该处省略.

引理 4.2 令假设 4.3 成立,那么系统(4.1)的每个解穿过面 Γ_i 至多一次.

证明 假设有一个解 $x(t)$ 与面 Γ_j 相交两次,分别在 $(s,x(s))$ 和 $(s_1,x(s_1))$ 处,不失一般性,$s<s_1$,并且由假设 2.4 知,在 s 和 s_1 之间没有 $x(t)$ 的脉冲点. 那么 $s=\theta_j+\tau_j(x(s))$, $s_1=\theta_j+\tau_j(x(s_1))$. 设假设 4.3 的情形(ⅰ)成立,可得

$$\begin{aligned}s_1-s&=\tau_j(x(s_1))-\tau_j(x(s))\\&\geqslant\tau_j(x(s_1))-\tau_j[x(s)+J_j(x(s))]\\&=\tau_j(x(s_1))-\tau_j(x(s+))\end{aligned}$$

$$= \left\{ \frac{\mathrm{d}\,\tau_j(x)}{\mathrm{d}x} \{ -A_{\phi(j+1)}(x(t))[B_{\phi(j+1)}(x(t))-C_{\phi(j+1)}f_{\phi(j+1)}\right.$$

$$\left.(x(t))]\} \right\}_{t=\kappa\in(s,s_1]}(s_1-s),$$

$$>(s_1-s).$$

这是矛盾的.类似地,设假设 4.3 的情形(ⅱ)成立,可得 $s_1-s<s_1-s$. 也是矛盾的. 证毕.

根据这两个引理,容易得到下面的结论.

定理 4.1　如果假设 2.4 和假设 4.3 都成立,那么系统(4.1)的每个解 $x(t):R_+\to G$ 穿过每个面 $\Gamma_i, i\in Z^+$,正好一次.

现在,构造出系统(4.1)的 B-等价系统(含固定时刻的脉冲). 设 $x^0(t)=x(t,\theta_i,x^0(\theta_i))$ 是系统(4.1)的在$[\theta_i,\theta_{i+1}]$上的一个解. ξ_i 表示解与脉冲面 Γ_i 的相遇时刻,故 $\xi_i=\theta_i+\tau_i(x^0(\xi_i))$. 设 $x^1(t)$ 是系统(4.2)在$[\theta_i,\theta_{i+1}]$上的一个解,且 $x^1(\xi_i)=x^0(\xi_i^+)=x^0(\xi_i)+J_i(x^0(\xi_i))$.

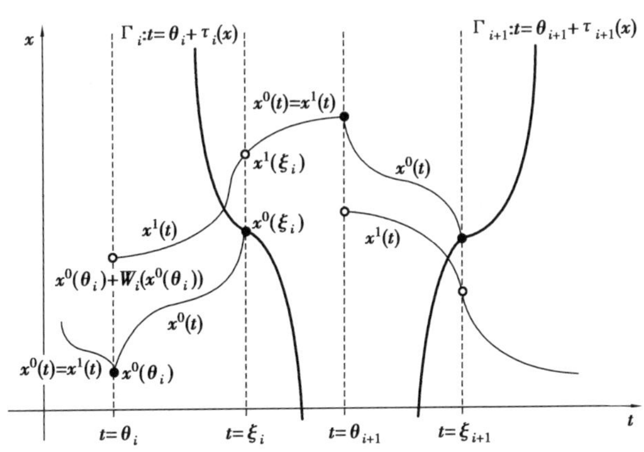

图 4.1　映射 $W_i(x)$ 的构建原则

定义下面的映射(图 4.1):

$$
\begin{aligned}
W_i(x^0(\theta_i)) &= x^1(\theta_i) - x^0(\theta_i) \\
&= x^1(\xi_i) + \int_{\xi_i}^{\theta_i}\{-A_{\phi(i+1)}(x^1(s))[B_{\phi(i+1)}(x^1(s)) - \\
&\quad C_{\phi(i+1)}f_{\phi(i+1)}(x^1(s))]\}\mathrm{d}s - x^0(\theta_i) \\
&= x^0(\xi_i) + J_i(x^0(\xi_i)) + \int_{\xi_i}^{\theta_i}\{-A_{\phi(i+1)}(x^1(s))[B_{\phi(i+1)}(x^1(s)) - \\
&\quad C_{\phi(i+1)}f_{\phi(i+1)}(x^1(s))]\}\mathrm{d}s - x^0(\theta_i) \\
&= \int_{\theta_i}^{\xi_i}\{-A_{\phi(i+1)}(x^0(s))[B_{\phi(i+1)}(x^0(s)) - C_{\phi(i+1)}f_{\phi(i+1)}(x^0(s))]\}\mathrm{d}s + \\
&\quad J_i(x^0(\theta_i) + \int_{\theta_i}^{\xi_i}\{-A_{\phi(i+1)}(x^0(s))[B_{\phi(i+1)}(x^0(s)) - \\
&\quad C_{\phi(i+1)}f_{\phi(i+1)}(x^0(s))]\}\mathrm{d}s) + \int_{\xi_i}^{\theta_i}\{-A_{\phi(i+1)}(x^1(s))[B_{\phi(i+1)}(x^1(s)) - \\
&\quad C_{\phi(i+1)}f_{\phi(i+1)}(x^1(s))]\}\mathrm{d}s.
\end{aligned}
\tag{4.4}
$$

注记 4.3 $(\theta_i, x^0(\theta_i))$是$[\theta_{i-1}, \theta_i]$和$[\theta_i, \theta_{i+1}]$的公共点,适合下列系统的解

$$
\begin{cases}
\dot{x}(t) = -A_{\phi(k+1)}(x(t))[B_{\phi(k+1)}(x(t)) - C_{\phi(k+1)}f_{\phi(k+1)}(x(t))], t \neq \theta_k + \tau_k(x(t)), \\
\Delta x(t) = J_k(x(t)), t = \theta_k + \tau_k(x(t)),
\end{cases}
$$

$k=i-1$ 和 $k=i$.

明显地,根据定义 4.1、注记 4.3 和图 4.1,$x^0(t)=x(t,\theta_i,x^0(\theta_i))$在$R_+$上能被延拓为系统(4.1)的解.进一步地,我们在$R_+$上考虑下列固定时刻的脉冲切换系统.

$$
\begin{cases}
\dot{x}(t) = -A_{\phi(i+1)}(x(t))[B_{\phi(i+1)}(x(t)) - C_{\phi(i+1)}f_{\phi(i+1)}(x(t))], t \in (\theta_i, \theta_{i+1}], \\
\Delta x = W_i(x^0(\theta_i)), t = \theta_i.
\end{cases}
\tag{4.5}
$$

由 $W_i(x^0(\theta_i))$ 的定义和图 4.1 知,在 R_+ 上,$x^1(t)=x(t,\xi_i,x^0(\xi_i^+))$ 能被延拓为系统(4.5)的解. 明显地,$x^1(t)$ 在 $(\theta_i,\theta_{i+1}]$ 上是连续的,$W_i(x^0(\theta_i))$ 是有限的. 在此基础上给出假设:

假设 4.4　系统(4.5)的任一解 $x^1(t)$ 都是有界的,即存在一个正数 H,使得对任意 $t\in R_+$, $\|(x^1(t))\|\leqslant H$.

在下一节中,将会知道:如果假设 4.1、假设 4.2、假设 2.4 和假设 4.3 都成立,那么假设 4.4 也成立.

进一步地,有下列的、不加证明的观察:

观察 4.1　在 $(\xi_i,\theta_{i+1}]$ 上,$x^1(t)=x^0(t)$,且 $x^1(\theta_i+)=x^0(\theta_i)+W_i(x^0(\theta_i))$, $x^1(\xi_i)=x^0(\xi_i+)=x^0(\xi_i)+J_i(x^0(\xi_i))$.

观察 4.2　在时间区间 $(\theta_i,\xi_i]$ 上,设假设 4.4 成立,有

$$
\begin{aligned}
x^1(t)-x^0(t) &= W_i(x^0(\theta_i))+\int_{\theta_i}^{t}\{-A_{\phi(i+1)}(x^1(s))[B_{\phi(i+1)}(x^1(s))-\\
&\quad C_{\phi(i+1)}f_{\phi(i+1)}(x^1(s))]\}\mathrm{d}s-\int_{\theta_i}^{t}\{-A_{\phi(i+1)}(x^0(s))\cdot\\
&\quad [B_{\phi(i+1)}(x^0(s))-C_{\phi(i+1)}f_{\phi(i+1)}(x^0(s))]\}\mathrm{d}s\\
&= W_i(x^0(\theta_i))+\int_{\theta_i}^{t}\{-A_{\phi(i+1)}(x^1(s))[B_{\phi(i+1)}(x^1(s))-\\
&\quad C_{\phi(i+1)}f_{\phi(i+1)}(x^1(s))]+A_{\phi(i+1)}(x^0(s))[B_{\phi(i+1)}(x^0(s))-\\
&\quad C_{\phi(i+1)}f_{\phi(i+1)}(x^0(s))]\}\mathrm{d}s\\
&= \int_{\theta_i}^{t}\{-[A_{\phi(i+1)}(x^1(s))-A_{\phi(i+1)}(x^0(s))]\\
&\quad [B_{\phi(i+1)}(x^1(s))-C_{\phi(i+1)}f_{\phi(i+1)}(x^1(s))]+A_{\phi(i+1)}(x^0(s))\\
&\quad [-(B_{\phi(i+1)}(x^1(s))-B_{\phi(i+1)}(x^0(s)))+\\
&\quad C_{\phi(i+1)}(f_{\phi(i+1)}(x^1(s))-f_{\phi(i+1)}(x^0(s)))]\}\mathrm{d}s+W_i(x^0(\theta_i)).
\end{aligned}
$$

根据假设 4.1,令 $h=\phi(i+1)$,则 $h\in\{1,2,\cdots,m\}$,可得

$$\begin{aligned}\| x^1(t)-x^0(t)\| \leqslant{} & \| W_i(x^0(\theta_i))\| + \int_{\theta_i}^{t}\{L_{ah}\| x^1(s)-x^0(s)\| \\ & [L_{bh}\| x^1(s)\| + \| C_h\| L_{fh}\| x^1(s)\|] + \\ & \bar{a}_h[L_{bh}\| x^1(s)-x^0(s)\| + \| C_h\| L_{fh}\| x^1(s)- \\ & x^0(s)\|]\}\mathrm{d}s \\ \leqslant{} & \| W_i(x^0(\theta_i))\| + (L_{bh}+\| C_h\| L_{fh}) \\ & (L_{ah}H+\bar{a}_h)\int_{\theta_i}^{t}\| x^1(s)-x^0(s)\|\mathrm{d}s.\end{aligned}$$

利用文献[18]的 Gronwall-Bellman 引理,著者发现

$$\| x^1(t)-x^0(t)\| \leqslant \| W_i(x^0(\theta_i))\| \exp[\nu(L_{bh}+\| C_h\| L_{fh})(L_{ah}H+\bar{a}_h)]. \tag{4.6}$$

注记 4.4 根据观察 1 和文献[18]:一个固定时刻的脉冲切换系统(4.5),叫作系统(4.1)的 B-等价系统. 为了更详细地讨论,建议读者参考文献[18]. 在本章后面,将证明它的稳定性隐含了状态相关的脉冲切换系统(4.1)的同样稳定性.

4.2.2 状态相关的脉冲切换 CGNN 的解的存在性

在本节中,将证明脉冲切换系统(4.1)和系统(4.5)的解的存在性.

定理 4.2 如果假设 4.1 至假设 4.3 和假设 2.4 都成立,那么系统(4.1)的解在$[\theta_i,\theta_{i+1}]$上存在.

证明 为了证明这个定理,先证明下面的断言.

断言 令 $F_{\phi(i+1)}(t,x)=-A_{\phi(i+1)}(x(t))[B_{\phi(i+1)}(x(t))-C_{\phi(i+1)}f_{\phi(i+1)}(x(t))]$,那么 $F_{\phi(i+1)}(t,x)$在$[\theta_i,\xi_i]\times G$ 和$(\xi_i,\theta_{i+1}]\times G$ 上满足局部 lipschitz 条件.

在此证明这个断言. 对 $P_0(t_0,x_0)\in[\theta_i,\xi_i]\times G$, ∃

$$G_0=\{(t,x)\mid \| t-t_0\| \leqslant a,\ \| x-x_0\| \leqslant b\}\subset[\theta_i,\xi_i]\times G.$$

当$(t,x_1),(t,x_2)\in G_0$ 时,有

$$
\begin{aligned}
&F_{\phi(i+1)}(t,x_1)-F_{\phi(i+1)}(t,x_2)\\
&=-A_{\phi(i+1)}(x_1(t))[B_{\phi(i+1)}(x_1(t))-C_{\phi(i+1)}f_{\phi(i+1)}(x_1(t))]+\\
&\quad A_{\phi(i+1)}(x_2(t))[B_{\phi(i+1)}(x_2(t))-C_{\phi(i+1)}f_{\phi(i+1)}(x_2(t))]\\
&=-[A_{\phi(i+1)}(x_1)-A_{\phi(i+1)}(x_2)][B_{\phi(i+1)}(x_1)-C_{\phi(i+1)}f_{\phi(i+1)}(x_1)]+\\
&\quad A_{\phi(i+1)}(x_2)[-(B_{\phi(i+1)}(x_1)-B_{\phi(i+1)}(x_2))+C_{\phi(i+1)}(f_{\phi(i+1)}(x_1)-\\
&\quad f_{\phi(i+1)}(x_2))].
\end{aligned}
$$

明显地，$\|x_1\|\leqslant\|x_0\|+b$，为了简化，令 $\|x_0\|+b=\bar{b}$，$h=\phi(i+1)$. 由假设 4.1 可得

$$
\begin{aligned}
\|F_h(t,x_1)-F_h(t,x_2)\|&\leqslant L_{ah}\|x_1-x_2\|(L_{bh}\|x_1\|+\|C_h\|L_{fh}\|x_1\|)+\\
&\quad \bar{a}_h(L_{bh}\|x_1-x_2\|+\|C_h\|L_{fh}\|x_1-x_2\|)\\
&\leqslant(L_{bh}+\|C_h\|L_{fh})(L_{ah}\bar{b}+\bar{a}_h)\|x_1-x_2\|.
\end{aligned}
$$

令 $L_D=(L_{bh}+\|C_h\|L_{fh})(L_{ah}\bar{b}+\bar{a}_h)$，那么 $F_{\phi(i+1)}(t,x)$ 在 $[\theta_i,\xi_i]\times G$ 上满足局部 lipschitz 条件. 相似地，在 $(\xi_i,\theta_{i+1}]\times G$，$F_{\phi(i+1)}(t,x)$ 上也满足局部 lipschitz 条件. 因此，断言成立.

明显地，函数 $F_{\phi(i+1)}(t,x)$ 在 $[\theta_i,\xi_i]\times G$ 和 $(\xi_i,\theta_{i+1}]\times G$ 上是分别连续的，并且 $x(\xi_i)+J_i(x(\xi_i))\in G$. 因此，常微分方程(4.2)的解存在，用 $x^0(t)=x(t,\theta_i,x^0(\theta_i))$ 表示，$t\in[\theta_i,\xi_i]$. 既然在 $[\theta_i,\xi_i]$ 上没有脉冲面，$x^0(t)=x(t,\theta_i,x^0(\theta_i))$ 也是系统(4.1)在 $[\theta_i,\xi_i]\times G$ 上的一个解. 而且，当 $t=\xi_i$ 时，有 $x(\xi_i+)=x(\xi_i)+J_i(x(\xi_i))\in G$. 考虑 $(\xi_i,x(\xi_i+))$ 是 $[\theta_i,\theta_{i+1}]\times G$ 的一个内点，含初值 $x(\xi_i+)=x(\xi_i)+J_i(x(\xi_i))$、常微分方程(4.2)的一个解存在. 在区间 $[\xi_i,\theta_{i+1}]$ 上，解 $x^0(t)=x(t,\xi_i,x^0(\xi_i+))$ 能继续演化. 由假设 4.3 知，最后解不能再次穿过面 Γ_i，那么 $[\theta_i,\theta_{i+1}]$ 是 $x(t)$ 在这里的最大右存在区间. 类似地，$x^0(t)=x(t,\xi_i,x^0(\xi_i+))$ 也是系统(4.1)在 $(\xi_i,\theta_{i+1}]\times G$ 上的一个解. 即在 $[\theta_i,\theta_{i+1}]$ 上，系统(4.1)的解 $x^0(t)$ 存在，

$$x^0(t)=\begin{cases}x(t,\theta_i,x^0(\theta_i)),t\in[\theta_i,\xi_i],\\ x(t,\xi_i,x^0(\xi_i+)),t\in(\xi_i,\theta_{i+1}].\end{cases}$$

证毕.

基于以上讨论,立即有如下定理.

定理 4.3　如果假设 4.1 至假设 4.3 和假设 2.4 都成立,那么系统(4.5)的解在$[\theta_i,\theta_{i+1}]$上存在.

联合定义 4.1 和注记 4.3,能得到脉冲切换系统(4.1)和系统(4.5)的解的存在性.

注记 4.5　根据前面的讨论,可看到系统(4.5)的解 $x^1(t)$是分段连续的. 既然$\lim\limits_{t\to\theta_i+}x^1(t)=x^1(\theta_i+)=x^0(\theta_i)+W_i(x^0(\theta_i))$,那么 $x^1(t)$在$(\theta_i,\theta_{i+1}]$上是有界的. 进一步对任意 $t\in R_+$,$x^1(t)$都是有界的. 即如果定理 4.3 的条件成立,那么假设 4.3 就是有效的.

4.2.3　状态相关的脉冲切换 CGNN 的全局稳定性的一个判据

在本节中,将研究脉冲切换系统(4.5)和系统(4.1)的稳定性,建立系统(4.5)和系统(4.1)的稳定性判据.

定理 4.4　设假设 4.1 至假设 4.3 和假设 2.4 都成立. 为了简化,令 $h=\phi(i+1)$. 如果存在 $V_h\in\Omega$,使得

$$\mu_h\|x(t)\|^p\leqslant V_h(x(t))\leqslant\lambda_h\|x(t)\|^p,\tag{4.7}$$

$$D^+V_h(x(t))\leqslant\alpha_hV_h(x(t)),t\in(\theta_i,\xi_i],\tag{4.8}$$

且

$$\frac{p}{\alpha_h}\left[\exp\left(\frac{\alpha_h\nu}{p}\right)-1\right]\bar{a}_h(L_{bh}+\|C_h\|L_{fh})\sqrt[p]{\mu_h^{-1}\lambda_h}<1,\tag{4.9}$$

这里的$\mu_h>0,\lambda_h>0,p>0,\alpha_h\in R$,$x(t)$是系统(4.2)在$(\theta_i,\xi_i]$上的一个解. 那么,

(ⅰ)$\|x^0(\theta_i)+W_i(x^0(\theta_i))\|\leqslant\beta_h\|x^0(\theta_i)\|$,

（ⅱ）$\| x^1(t)-x^0(t) \| \leqslant \delta_h \| x^0(\theta_i) \|, t \in (\theta_i, \xi_i]$，

这里 $\beta_h = \left\{ 1 - \dfrac{p}{\alpha_h} \left[\exp\left(\dfrac{\alpha_h \nu}{p} \right) - 1 \right] \bar{a}_h (L_{bh} + \| C_h \| L_{fh}) \sqrt[p]{\mu_h^{-1} \lambda_h} \right\}^{-1} L_J \sqrt[p]{\mu_h^{-1} \lambda_h} \exp \left(\dfrac{\alpha_h \nu}{p} \right)$，$\delta_h = (1+\beta_h) \exp[\nu (L_{bh} + \| C_h \| L_{fh})(L_{ah} H + \bar{a}_h)]$，$x^0(t) = x(t, \theta_i, x^0(\theta_i))$ 是系统(4.1)的一个解，它在 ξ_i 与脉冲面 Γ_i 相交，即 $\xi_i = \theta_i + \tau_i(x^0(\xi_i))$. $x^1(t)$ 是系统(4.5)的一个解，使得 $x^1(\theta_i +) = x^0(\theta_i) + W_i(x^0(\theta_i))$，并且 $x^1(\xi_i) = x^0(\xi_i +) = x^0(\xi_i) + J_i(x^0(\xi_i))$，这里的 $W_i(x^0(\theta_i))$ 由系统(4.4)定义.

证明　根据条件(4.7)、条件(4.8)，可得下列不等式：

$$\sqrt[p]{\lambda_h^{-1} V_h(x(t))} \leqslant \| x(t) \| \leqslant \sqrt[p]{\mu_h^{-1} V_h(x(t))},$$

$$V_h(x(t)) \leqslant V_h(x(\theta_i +)) \exp(\alpha_h (t - \theta_i)).$$

由上述两个不等式，得

$$\begin{aligned} \| x(t) \| &\leqslant [\mu_h^{-1} V_h(x(\theta_i +)) \exp(\alpha_h (t-\theta_i))]^{1/p} \\ &\leqslant \sqrt[p]{\mu_h^{-1} \lambda_h} \exp\left(\frac{\alpha_h (t-\theta_i)}{p} \right) \| x(\theta_i +) \|. \end{aligned}$$

因此

$$\| x^0(t) \| \leqslant \sqrt[p]{\mu_h^{-1} \lambda_h} \exp\left(\frac{\alpha_h (t-\theta_i)}{p} \right) \| x^0(\theta_i) \|,$$

$$\| x^1(t) \| \leqslant \sqrt[p]{\mu_h^{-1} \lambda_h} \exp\left(\frac{\alpha_h (t-\theta_i)}{p} \right) \| x^0(\theta_i) + W_i(x^0(\theta_i)) \|.$$

在此证明断言（ⅰ）成立. 根据系统(4.4)，有

$$\begin{aligned} & \| x^0(\theta_i) + W_i(x^0(\theta_i)) \| = \| x^1(\theta_i +) \| \\ = & \| x^1(\xi_i) - \int_{\theta_i}^{\xi_i} \{ - A_h(x^1(s)) [B_h(x^1(s)) - C_h f_h(x^1(s))] \} \mathrm{d}s \| \\ \leqslant & \| x^1(\xi_i) \| + \int_{\theta_i}^{\xi_i} \| A_h(x^1(s)) [B_h(x^1(s)) - C_h f_h(x^1(s))] \| \mathrm{d}s \\ \leqslant & \| x^0(\xi_i) + J_i(x^0(\xi_i)) \| + \bar{a}_h (L_{bh} + \| C_h \| L_{fh}) \int_{\theta_i}^{\xi_i} \| x^1(s) \| \mathrm{d}s \end{aligned}$$

$$\leqslant L_J \| x^0(\xi_i) \| + \bar{a}_h(L_{bh} + \| C_h \| L_{fh}) \sqrt[p]{\mu_h^{-1}\lambda_h} \| x^0(\theta_i) + W_i(x^0(\theta_i)) \| \int_{\theta_i}^{\xi_i} \exp\left(\frac{\alpha_h(s-\theta_i)}{p}\right) \mathrm{d}s$$

$$\leqslant L_J \sqrt[p]{\mu_h^{-1}\lambda_h} \exp\left(\frac{\alpha_h \nu}{p}\right) \| x^0(\theta_i) \| + \frac{p}{\alpha_h}\left(\exp\left(\frac{\alpha_h \nu}{p}\right) - 1\right) \times \bar{a}_h(L_{bh} + \| C_h \| L_{fh}) \sqrt[p]{\mu_h^{-1}\lambda_h} \| x^0(\theta_i) + W_i(x^0(\theta_i)) \|,$$

这暗示

$$\| x^0(\theta_i)+W_i(x^0(\theta_i)) \|$$

$$\leqslant \left\{1-\frac{p}{\alpha_h}\left[\exp\left(\frac{\alpha_h \nu}{p}\right)-1\right]\bar{a}_h(L_{bh}+\| C_h \| L_{fh})\sqrt[p]{\mu_h^{-1}\lambda_h}\right\}^{-1} \times L_J \sqrt[p]{\mu_h^{-1}\lambda_h} \exp\left(\frac{\alpha_h \nu}{p}\right) \| x^0(\theta_i) \|$$

$$=\beta_h \| x^0(\theta_i) \|.$$

最后,证明断言(ⅱ).由系统(4.6)可得

$$\begin{aligned}\| x^1(t)-x^0(t) \| &\leqslant \| W_i(x^0(\theta_i)) \| \exp[\nu(L_{bh}+\| C_h \| L_{fh})(L_{ah}H+\bar{a}_h)] \\ &\leqslant (1+\beta_h)\exp[\nu(L_{bh}+\| C_h \| L_{fh})(L_{ah}H+\bar{a}_h)] \| x^0(\theta_i) \| \\ &=\delta_h \| x^0(\theta_i) \|.\end{aligned}$$

证毕.

注记 4.6 设定理 4.4 的条件成立,令 $\delta=\max\{\delta_1,\delta_2,\cdots,\delta_m\}$,那么定理 4.4 的断言(ⅱ)能被重写为

$$\| x^1(t)-x^0(t) \| \leqslant \delta \| x^0(\theta_i) \|, t\in(\theta_i,\xi_i], i\in Z_+. \tag{4.10}$$

注记 4.7 根据定理 4.4 和观察 1,看到对系统(4.1)的任意解 $x^0(t)$,一定存在系统(4.5)的一个解 $x^1(t)$,使得:当 $t\in(\theta_i,\xi_i]$时,$\| x^1(t)-x^0(t) \| \leqslant \delta \| x^0(\theta_i) \|$;当 $t\in[\theta_0,\theta_1]\cup(\xi_i,\theta_{i+1}]$时,$x^1(t)=x^0(t)$.反之亦然.

定理 4.5 如果定理 4.4 的所有假设都成立,那么

(ⅰ)系统(4.5)的平凡解是全局渐近稳定的,暗示系统(4.1)的平凡解的

同样稳定性.

(ⅱ)系统(4.5)的原点是全局指数稳定的,暗示系统(4.1)的原点也是全局指数稳定的.

证明 (ⅰ)既然系统(4.5)的平凡解是全局渐近稳定的,那么$\lim\limits_{t\to\infty} x^1(t)=0$,且$\lim\limits_{t\to\infty} x^1(\theta_i)=0$.

当$t\in[\theta_0,\theta_1]$或$t\in(\xi_i,\theta_{i+1}]$时,有$\|x^0(t)\|=\|x^1(t)\|$;当$t\in(\theta_i,\xi_i]$时,由系统(4.10)得

$$\begin{aligned}\|x^0(t)\| &\leqslant \|x^1(t)-x^0(t)\|+\|x^1(t)\| \\ &\leqslant \delta\|x^0(\theta_i)\|+\|x^1(t)\| \\ &=\delta\|x^1(\theta_i)\|+\|x^1(t)\|,\end{aligned}$$

进而,$\lim\limits_{t\to\infty}\|x^0(t)\|\leqslant\delta\lim\limits_{t\to\infty}\|x^1(\theta_i)\|+\lim\limits_{t\to\infty}\|x^1(t)\|=0$. 因此,系统(4.1)的平凡解是全局渐近稳定的.

(ⅱ)设$x^0(t)=x(t,\theta_i,x^0(\theta_i))$是系统(4.1)的一个解,对相应的系统(4.5)的一个解$x^1(t)$,根据系统(4.5)的全局指数稳定性,能假定存在正数$M_1>0,\gamma_1>0$使得$x^1(t)$满足$\|x^1(t)\|\leqslant M_1\exp(-\gamma_1(t-\theta_0)),t\geqslant\theta_0$.

当$t\in[\theta_0,\theta_1]$或$t\in(\xi_i,\theta_{i+1}]$时,有

$$\|x^0(t)\|=\|x^1(t)\|\leqslant M_1\exp(-\gamma_1(t-\theta_0));$$

当$t\in(\theta_i,\xi_i]$时,由系统(4.10),得

$$\begin{aligned}\|x^0(t)\| &\leqslant \|x^1(t)-x^0(t)\|+\|x^1(t)\| \\ &\leqslant \delta\|x^0(\theta_i)\|+M_1\exp(-\gamma_1(t-\theta_0)) \\ &\leqslant \delta M_1\exp(-\gamma_1(\theta_i-\theta_0))+M_1\exp(-\gamma_1(t-\theta_0)) \\ &=M_1[1+\delta\exp(\gamma_1(t-\theta_i))]\exp(-\gamma_1(t-\theta_0)) \\ &\leqslant M_1[1+\delta\exp(\gamma_1\nu)]\exp(-\gamma_1(t-\theta_0)).\end{aligned}$$

因此,存在正数$M_2=M_1[1+\delta\exp(\gamma_1\nu)],\gamma_2=\gamma_1$使得系统(4.1)的解$x^0(t)$满足$\|x^0(t)\|\leqslant M_2\exp(-\gamma_2(t-\theta_0))$. 即系统(4.1)的原点是全局指数稳定的.

证毕.

定理4.6　如果定理4.4的所有假设都成立,$h=\phi(i+1)$,$x(t)$是系统(4.5)在$t\in(\theta_i,\theta_{i+1}]$上的一个解,且

$$\sum_{k=1}^{i}\ln(\rho\beta_{\phi(k+1)}^{p})+\sum_{k=1}^{i-1}\alpha_{\phi(k+1)}(\theta_{k+1}-\theta_k)+\alpha_h(t-\theta_i)\leqslant\varphi(\theta_0,t),\tag{4.11}$$

这里的$t\in(\theta_i,\theta_{i+1}]$,$\rho=\max\left(\frac{\lambda_u}{\mu_v}\right)$,$u,v\in\{1,2,\cdots,m\}$,$\varphi(\theta_0,t)$在$R_+$上是连续函数.

那么$\lim\limits_{t\to\infty}\varphi(\theta_0,t)=-\infty$暗示系统(4.5)的平凡解是全局渐近稳定的;若$\varphi(\theta_0,t)\leqslant M-d(t-\theta_0)$,$t\geqslant\theta_0$,这里的$M$,$d$都是常数,且$M>0$,$d>0$,暗示系统(4.5)的原点是全局指数稳定的.

证明　根据条件(4.7)、条件(4.8),可得下列不等式:

$$V_h(x(t))\leqslant V_h(x(\theta_i+))\exp(\alpha_h(t-\theta_i)),\tag{4.12}$$

和

$$\begin{aligned}\|x(t)\|&\leqslant[\mu_h^{-1}V_h(x(\theta_i+))\exp(\alpha_h(t-\theta_i))]^{1/p}\\&\leqslant\sqrt[p]{\mu_h^{-1}\lambda_h}\exp\left(\frac{\alpha_h(t-\theta_i)}{p}\right)\|x(\theta_i+)\|.\end{aligned}$$

容易发现

$$V_h(x(\theta_i+))\leqslant\lambda_h\|x(\theta_i+)\|^p\leqslant\lambda_h\beta_h^p\|x(\theta_i)\|^p\leqslant\rho\beta_h^pV_h(x(\theta_i)).\tag{4.13}$$

将(4.13)代入(4.12),得

$$V_h(x(t))\leqslant\rho\beta_h^p\exp(\alpha_h(t-\theta_i))V_h(x(\theta_i)).\tag{4.14}$$

依次在每个区间用(4.14),得到如下结果,$t\in(\theta_i,\theta_{i+1}]$,

$$\begin{aligned}V_h(x(t))&\leqslant\rho\beta_h^pV_h(x(\theta_i))\exp(\alpha_h(t-\theta_i))\\&\leqslant V_{\phi(1)}(x(\theta_0))\prod_{k=1}^{i}(\rho\beta_{\phi(k+1)}^p)\exp\left(\sum_{k=1}^{i-1}\alpha_{\phi(k+1)}(\theta_{k+1}-\theta_k)+\alpha_h(t-\theta_i)\right)\\&\leqslant V_{\phi(1)}(x(\theta_0))\exp(\varphi(\theta_0,t)).\end{aligned}$$

即

$$V_h(x(t))\leqslant V_{\phi(1)}(x(\theta_0))\exp(\varphi(\theta_0,t)). \tag{4.15}$$

将(4.7)代入(4.15),得

$$\| x(t) \| \leqslant \sqrt[p]{\rho} \| x_0 \| \exp\left(\frac{\varphi(\theta_0,t)}{p}\right),t\geqslant\theta_0,$$

这里暗示了想要的结论.

推论 4.1　设假设 4.1 至假设 4.3 和假设 2.4 都成立, $h=\phi(i+1)$. 如果存在 $V_h\in\Omega$,使得

$$\mu_h \| x(t) \|^p\leqslant V_h(x(t))\leqslant\lambda_h \| x(t) \|^p,$$

$$D^+V_h(x(t))\leqslant\alpha_h V_h(x(t)),$$

这里 $\mu_h>0,\lambda_h>0,p>0,\alpha_h$ 是一个常数, $x(t)$ 是系统(4.5)在 $(\theta_i,\theta_{i+1}]$ 上的一个解.

并且假如下列条件之一被满足,那么系统(4.5)的原点是全局指数稳定的.

(ⅰ) $\alpha_h<-\alpha<-\varrho<0$,这里的 α 和 ϱ 是常数,使得

$$\ln(\rho\beta_h^p)-\varrho(\theta_{i+1}-\theta_i)\leqslant 0.$$

(ⅱ) α 和 η 是正数且满足 $\eta>\alpha\geqslant|\alpha_h|$,使得

$$\ln(\rho\beta_h^p)+\eta(\theta_{i+1}-\theta_i)\leqslant 0.$$

这个推论的证明类似于文献[22]的推论 1,因此这里省略.

注记 4.8　容易看到推论 4.1 的条件(ⅰ)暗示了所有子系统是 π_1-类,对切换子系统的脉冲没有特别的要求. 在推论 4.1 的条件(ⅱ)中,参数 α_h 可以是正的或负的,这暗示切换子系统是稳定的或不稳定的,然而,每个子系统的脉冲必须是稳定的. 推论 4.1 的条件(ⅰ)、条件(ⅱ)比定理 4.6 更严格. 但在推论 4.1 的基础上,能得到系统(4.5)的平凡解的指数收敛率的一个估计. 事实上,如果推论 4.1 的条件(ⅰ)成立,可得

$$\| x(t) \| \leqslant\sqrt[p]{\rho} \| x_0 \| \exp(-(\alpha-\varrho)(t-\theta_0)/p),t\geqslant\theta_0;$$

如果推论 4.1 的条件(ⅱ)成立,得

$$\| x(t) \| \leqslant \sqrt[p]{\rho}\exp(\eta\bar{\theta}/p) \| x_0 \| \exp\left(\frac{-(\eta-\alpha)(t-\theta_0)}{p}\right), t\geqslant\theta_0.$$

现在考虑一种特殊的情形.

推论 4.2　设假设 4.1 至假设 4.3 和假设 2.4 都成立，$h=\phi(i+1)$. 如果存在 $V_h\in\Omega$，使得

$$\mu_h \| x(t) \|^p \leqslant V_h(x(t)) \leqslant \lambda_h \| x(t) \|^p,$$

这里 $\mu_h>0,\lambda_h>0,p>0,x(t)$ 是系统(4.5)在 $(\theta_i,\theta_{i+1}]$ 上的一个解，一个常数 α，使得下列条件之一成立

(ⅰ) $D^+V_h(x(t))+\alpha V_h(x(t))<0$,

$\ln(\rho\beta_h^p)-\alpha\underline{\theta}\leqslant 0$,

(ⅱ) $D^+V_h(x(t))-\alpha V_h(x(t))<0$,

$\ln(\rho\beta_h^p)+\alpha\bar{\theta}\leqslant 0$,

那么系统(4.5)的平凡解是全局指数稳定的.

证明　如果条件(ⅰ)成立，$t\in(\theta_i,\theta_{i+1}]$，根据条件(ⅰ)和定理 4.6，能假设

$$D^+V_h(x(t))\leqslant\alpha_h V_h(x(t))\leqslant-\eta V_h(x(t))<-\alpha V_h(x(t)),$$

这里的 α_h 和 η 都是常数，那么

$$\sum_{k=1}^{i-1}\alpha_{\phi(k+1)}(\theta_{k+1}-\theta_k)+\alpha_h(t-\theta_i)\leqslant-\eta(t-\theta_0).$$

由 $\ln(\rho\beta_h^p)-\alpha\underline{\theta}\leqslant 0$，得

$$\sum_{k=1}^{i}\ln(\rho\beta_{\phi(k+1)}^p)\leqslant\alpha(\theta_i-\theta_0)\leqslant\alpha(t-\theta_0).$$

因此，

$$\sum_{k=1}^{i}\ln(\rho\beta_{\phi(k+1)}^p)+\sum_{k=1}^{i-1}\alpha_{\phi(k+1)}(\theta_{k+1}-\theta_k)+\alpha_h(t-\theta_i)\leqslant-(\eta-\alpha)(t-\theta_0).$$

令 $\varphi(\theta_0,t)=-(\eta-\alpha)(t-\theta_0)$，注意到 $\eta-\alpha>0$，由定理 4.6 可得结论.

如果条件(ⅱ)成立，$t\in(\theta_i,\theta_{i+1}]$，根据条件(ⅱ)和定理 4.6，能假设

$$D^+V_h(x(t))\leqslant\alpha_h V_h(x(t))\leqslant\zeta V_h(x(t))<\alpha V_h(x(t)),$$

这里的 α_h 和 ζ 都是常数,那么

$$\sum_{k=1}^{i-1}\alpha_{\phi(k+1)}(\theta_{k+1}-\theta_k)+\alpha_h(t-\theta_i)\leqslant\zeta(t-\theta_0).$$

根据 $\ln(\rho\beta_h^p)+\alpha\bar{\theta}\leqslant 0$,有

$$\sum_{k=1}^{i}\ln(\rho\beta_{\phi(k+1)}^p)\leqslant-\alpha(\theta_i-\theta_0)\leqslant-\alpha(\theta_i-\theta_0)+\alpha\bar{\theta}-\alpha(t-\theta_i)$$
$$\leqslant\alpha\bar{\theta}-\alpha(t-\theta_0).$$

因此,

$$\sum_{k=1}^{i}\ln(\rho\beta_{\phi(k+1)}^p)+\sum_{k=1}^{i-1}\alpha_{\phi(k+1)}(\theta_{k+1}-\theta_k)+\alpha_h(t-\theta_i)\leqslant\alpha\bar{\theta}-(\alpha-\zeta)(t-\theta_0).$$

令 $\varphi(\theta_0,t)=\alpha\bar{\theta}-(\alpha-\zeta)(t-\theta_0)$,注意到 $\alpha-\zeta>0$,结论可得.

注记 4.9 在推论 4.2 的条件(ⅰ)中,令 $-\eta=\max\{\alpha_1,\alpha_2,\cdots,\alpha_m\}$,容易发现 η. 相似地,在推论 4.2 的条件(ⅱ)中,令 $\zeta=\max\{\alpha_1,\alpha_2,\cdots,\alpha_m\}$,能够发现 ζ. 也就是说,推论 4.2 的条件真的能成立.

现在是时候给出本章的主要结果了,利用系统(4.5)得到的系统(4.1)的稳定性判据. 基于以上讨论,立即可得下列定理.

定理 4.7 设假设 4.1 至假设 4.3 和假设 2.4 都成立,$h=\phi(i+1)$. 如果存在 $V_h\in\Omega$,使得

(ⅰ)$\mu_h\|x(t)\|^p\leqslant V_h(x(t))\leqslant\lambda_h\|x(t)\|^p$,

(ⅱ)$D^+V_h(x(t))\leqslant\alpha_h V_h(x(t))$,

(ⅲ)$\dfrac{2}{\alpha_h}\left[\exp\left(\dfrac{\alpha_h\nu}{2}\right)-1\right](\|C_h\|+\|A_h\|L_h)\sqrt{\mu_h^{-1}\lambda_h}<1$,

(ⅳ)$\sum_{k=1}^{i}\ln(\rho\beta_{\phi(k+1)}^p)+\sum_{k=1}^{i-1}\alpha_{\phi(k+1)}(\theta_{k+1}-\theta_k)+\alpha_h(t-\theta_i)\leqslant\varphi(\theta_0,t)$,

这里的 $\mu_h>0,\lambda_h>0,p>0,\alpha_h$ 是常数,$x(t)$ 是系统(4.5)的一个解,$t\in(\theta_i,\theta_{i+1}]$.

那么 $\lim\limits_{t\to\infty}\varphi(\theta_0,t)=-\infty$,暗示系统(4.1)的平凡解是全局渐近稳定的;若 $\varphi(\theta_0,t)\leqslant M-d(t-\theta_0)$,$t\geqslant\theta_0$,这里的 M,d 都是常数,且 $M>0,d>0$,暗示系统

(4.1)的原点是全局指数稳定的.

类似于推论4.1、推论4.2,定理4.7也有相应的推论.

推论4.3　如果定理4.4的所有条件都成立,$h=\phi(i+1)$,并且假如下列条件之一被满足,那么系统(4.5)的原点是全局指数稳定的.

(ⅰ)$\alpha_h<-\alpha<-\varrho<0$,这里的$\alpha$和$\varrho$都是常数,使得

$$\ln(\rho\beta_h^p)-\varrho(\theta_{i+1}-\theta_i)\leqslant 0.$$

(ⅱ)α和η都是正数,满足$\eta>\alpha\geqslant|\alpha_h|$,并且

$$\ln(\rho\beta_h^p)+\eta(\theta_{i+1}-\theta_i)\leqslant 0.$$

推论4.4　设假设4.1至假设4.3和假设2.4都成立,$h=\phi(i+1)$.如果存在$V_h\in\Omega$,使得

$$\mu_h\|x(t)\|^p\leqslant V_h(x(t))\leqslant\lambda_h\|x(t)\|^p,$$

$$\frac{2}{\alpha}\left[\exp\left(\frac{\alpha\nu}{2}\right)-1\right](\|C_h\|+\|A_h\|L_h)\sqrt{\mu_h^{-1}\lambda_h}<1,$$

这里的$\mu_h>0,\lambda_h>0,p>0,x(t)$是系统(4.5)在$(\theta_i,\theta_{i+1}]$上的一个解,$\alpha$是一个常数,并且下列条件之一成立

(ⅰ)$D^+V_h(x(t))+\alpha V_h(x(t))<0,\ln(\rho\beta_h^p)-\alpha\underline{\theta}\leqslant 0$,

(ⅱ)$D^+V_h(x(t))-\alpha V_h(x(t))<0,\ln(\rho\beta_h^p)+\alpha\bar{\theta}\leqslant 0$,

那么系统(4.1)的平凡解是全局指数稳定的.

4.3　两个数值例子

在本节中,给出了两个例子,阐明在本章前面提到的理论结果的有效性.为了简化分析,研究一个仅有两个神经元的脉冲切换CGNN模型,并且假设每个混杂系统仅有两个子系统,切换顺序是$1\to2\to1\to2\to\cdots$.

例4.1　考虑下列状态相关的脉冲切换CGNN,注意在$[\theta_0,\theta_1]$中没有脉冲:

$$
\begin{cases}
\dot{x}(t)=-A_1(x(t))[B_1(x(t))-C_1f_1(x(t))],t\in(KT,KT+\sigma T],\\
K=0,1,2,\cdots,t\neq\theta_i+\tau_i(x(t)),\\
\Delta x(t)=J_1(x(t)),t=\theta_i+\tau_i(x(t)),i=2K,K=1,2,3,\cdots,\\
\dot{x}(t)=-A_2(x(t))[B_2(x(t))-C_2f_2(x(t))],t\in(KT+\sigma T,(K+1)T],\\
K=0,1,2,\cdots,t\neq\theta_{i+1}+\tau_{i+1}(x(t)),\\
\Delta x(t)=J_2(x(t)),t=\theta_{i+1}+\tau_{i+1}(x(t)),i=2K,K=0,1,2,\cdots,
\end{cases}
\tag{4.16}
$$

这里的 $T=2,\sigma=0.5,\theta_i=i,\theta_{i+1}=i+1,\tau_i(x)=\tau_{i+1}(x)=0.2\ \mathrm{arccot}(x_1^2),\nu=0.1\pi$, $J_1(x)=1.1x,J_2(x)=0.6x$,

$$
f_1(x(t))=f_2(x(t))=\begin{pmatrix}\sin x_1(t)\\ \sin x_2(t)\end{pmatrix},
$$

并且

$$
A_1=\begin{pmatrix}3+\sin x_1(t) & 0\\ 0 & 3+\cos x_2(t)\end{pmatrix},B_1=\begin{pmatrix}0.5 & 0\\ 0 & 0.5\end{pmatrix},C_1=\begin{pmatrix}0.2 & 0\\ -0.2 & 0.1\end{pmatrix}.
$$

$$
A_2=\begin{pmatrix}2+\sin x_1(t) & 0\\ 0 & 2+\cos x_2(t)\end{pmatrix},B_2=\begin{pmatrix}0.7 & 0\\ 0 & 0.7\end{pmatrix},C_2=\begin{pmatrix}0.3 & 0\\ -0.3 & 0.2\end{pmatrix}.
$$

注意

$$
\begin{aligned}
&\frac{\mathrm{d}\,\tau_i(x)}{\mathrm{d}x}\{-A_1(x(t))[B_1(x(t))-C_1f_1(x(t))]\}\\
&=0.4x_1\left(-\frac{1}{1+x_1^4},0\right)\begin{pmatrix}(3+\sin x_1)(-0.5x_1+0.2\sin x_1)\\ (3+\cos x_2)(-0.5x_2-0.2\sin x_1+0.1\sin x_2)\end{pmatrix}\\
&=0.4x_1\frac{(3+\sin x_1)(0.5x_1-0.2\sin x_1)}{1+x_1^4}\\
&\leqslant\frac{1.12x_1^2}{1+x_1^4}\\
&<1.
\end{aligned}
$$

进而

$$\tau_i(x+J_i(x))-\tau_i(x)=0.2[\operatorname{arccot}((1+1.1)^2x_1^2)-\operatorname{arccot}(x_1^2)]\leqslant 0,$$

即$\tau_i(x+J_i(x))\leqslant\tau_i(x)$.

类似地,$\dfrac{\mathrm{d}\,\tau_{i+1}(x)}{\mathrm{d}x}\{-A_2(x(t))[B_2(x(t))-C_2f_2(x(t))]\}<1$,$\tau_{i+1}(x+J_i(x))\leqslant\tau_{i+1}(x)$. 因此,假设 4.3 成立. 容易得到定理 4.7 的条件都成立. 所以系统(4.16)的原点是全局稳定的,如图 4.2 所示($x(0)=(0.6\quad -0.6)^{\mathrm{T}}$).

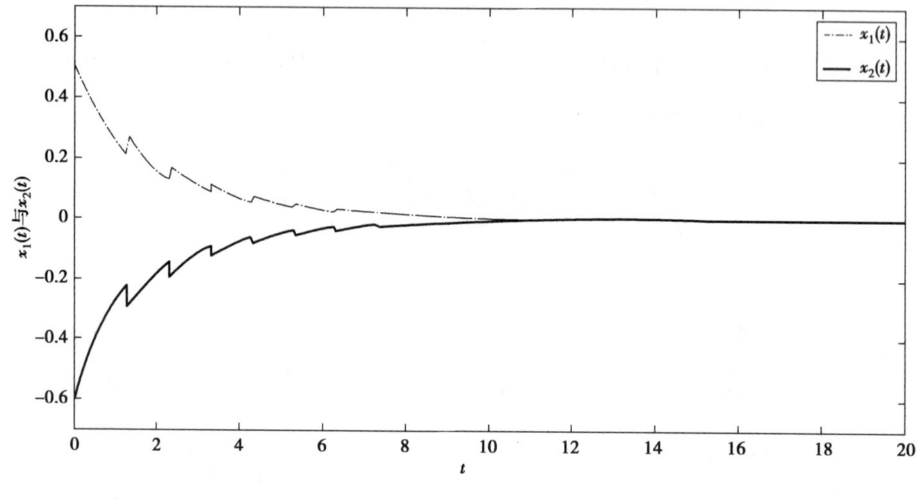

图 4.2　例 4.1 中的系统(4.16)的时间响应曲线

注记 4.10　从图 4.2 中可以看出,我们的条件还比较保守,期待在未来的研究中改进这些条件.

【例 4.2】　再次考虑状态相关的脉冲切换 CGNN,注意在$[\theta_0,\theta_1]$中没有脉冲:

$$\begin{cases}\dot{x}(t)=-A_1(x(t))[B_1(x(t))-C_1f_1(x(t))],t\in(KT,KT+\sigma T],\\ K=0,1,2,\cdots,t\neq\theta_i+\tau_i(x(t)),\\ \Delta x(t)=J_1(x(t)),t=\theta_i+\tau_i(x(t)),i=2K,K=1,2,3,\cdots,\\ \dot{x}(t)=-A_2(x(t))[B_2(x(t))-C_2f_2(x(t))],t\in(KT+\sigma T,(K+1)T],\\ K=0,1,2,\cdots,t\neq\theta_{i+1}+\tau_{i+1}(x(t)),\\ \Delta x(t)=J_2(x(t)),t=\theta_{i+1}+\tau_{i+1}(x(t)),i=2K,K=0,1,2,\cdots,\end{cases}\tag{4.17}$$

这里的 $T=2,\sigma=0.5,\theta_i=i,\theta_{i+1}=i+1,\tau_i(x)=\tau_{i+1}(x)=[\arctan(x_1)]^2/(2\pi)$, $\nu=0.125\pi,J_1(x)=-1.4x,J_2(x)=-1.3x$,

$$f_1(x(t))=f_2(x(t))=\begin{pmatrix}\sin x_1(t)\\ \sin x_2(t)\end{pmatrix},$$

并且

$$A_1=\begin{pmatrix}2+\cos x_1(t) & 0\\ 0 & 2+\cos x_2(t)\end{pmatrix},B_1=\begin{pmatrix}0.2 & 0\\ 0 & 0.2\end{pmatrix},C_1=\begin{pmatrix}0.4 & 0\\ -0.2 & 0.4\end{pmatrix}.$$

$$A_2=\begin{pmatrix}3+\cos x_1(t) & 0\\ 0 & 3+\cos x_2(t)\end{pmatrix},B_2=\begin{pmatrix}0.3 & 0\\ 0 & 0.3\end{pmatrix},C_2=\begin{pmatrix}0.5 & 0\\ -0.3 & 0.5\end{pmatrix}.$$

注意

$$\begin{aligned}&\frac{\mathrm{d}\,\tau_i(x)}{\mathrm{d}x}\{-A_1(x(t))[B_1(x(t))-C_1f_1(x(t))]\}\\ &=\frac{1}{\pi}\arctan x_1\left(\frac{1}{1+x_1^2},0\right)\begin{pmatrix}(2+\cos x_1)(-0.2x_1+0.4\sin x_1)\\ (2+\cos x_2)(-0.2x_2-0.2\sin x_1+0.4\sin x_2)\end{pmatrix}\\ &=\frac{1}{\pi}\arctan x_1\frac{(2+\cos x_1)(-0.2x_1+0.4\sin x_1)}{1+x_1^2}\\ &\leqslant\frac{1.5\,|-0.2x_1+0.4\sin x_1|}{1+x_1^2}\end{aligned}$$

$$\leqslant \frac{0.9|x_1|}{1+x_1^2}$$

$$<1.$$

进而

$$\begin{aligned}\tau_i(x+J_i(x))-\tau_i(x) &= \frac{1}{2\pi}\{[\arctan((1+(-1.4))x_1)]^2-[\arctan(x_1)]^2\}\\ &= \frac{1}{2\pi}\{[\arctan(|-0.4x_1|)]^2-[\arctan(|x_1|)]^2\}\\ &= \frac{1}{2\pi}[\arctan(|0.4x_1|)+\arctan(|x_1|)]\\ &\quad [\arctan(|0.4x_1|)-\arctan(|x_1|)]\\ &\leqslant 0,\end{aligned}$$

即$\tau_i(x+J_i(x))\leqslant\tau_i(x)$.

相似地,$\frac{\mathrm{d}\,\tau_{i+1}(x)}{\mathrm{d}x}[-C_2(x(t))+A_2f_2(x(t))]<1$,$\tau_{i+1}(x+J_i(x))\leqslant\tau_{i+1}(x)$. 因此,假设 4.3 成立. 容易得到定理 4.7 的条件都成立. 所以系统(4.17)的原点是全局稳定的,如图 4.3 所示($x(0)=(0.5\quad -0.4)^{\mathrm{T}}$).

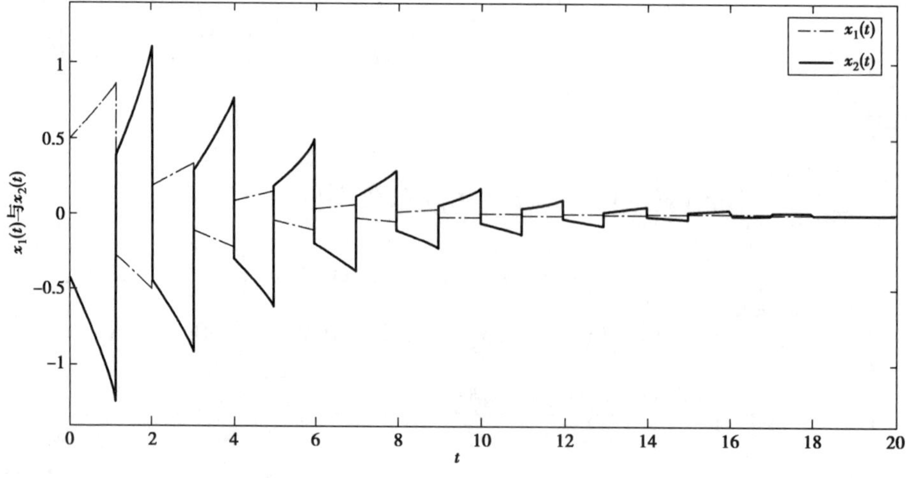

图 4.3　例 4.2 中的系统(4.17)的时间响应曲线

注记 4.11 从图 4.3 中可以看出,稳定脉冲在平衡点处能使不稳定的连续子系统变得稳定,这和理论上的预测是一致的.

4.4 本章小结

在本章中,利用 B-等价法,研究了状态相关的脉冲对切换 CGNN 的全局稳定性的影响.获得了状态相关的脉冲切换 CGNN 的一个新的稳定性判据.这改进了目前存在的有关结果.最后,通过两个数值例子阐明了结果的正确性.

5 带有脉冲免疫和饱和效应的计算机病毒传播模型

在本章中，通过建立一个脉冲计算机病毒模型，来揭示脉冲免疫和饱和效应怎样阻止病毒在网络上传播．我们将在理论上分析：当基本再生数（BRR）<1时，无毒周期解是全局渐近稳定的．我们也将证明：当 BRR>1 时，系统是一致持续的．进而利用分岔理论，可获得：当 BRR＝1 时，一个超临界分岔发生，这时当BRR 从左到右经过 1 时，原来稳定的无毒周期解失稳，同时出现一个局部渐近稳定的有毒周期解．仿真结果展示了网络病毒传播过程中可能发生的一些典型现象．最后，讨论了不同的模型参数对 BRR 的影响，并且据此给出清除电子病毒的一些可行方法．就作者的知识而言，这是第一个考虑脉冲免疫和饱和效应联合影响的计算机病毒传播模型．

5.1 脉冲计算机病毒模型描述

在本章中，将建立一个带有脉冲免疫和饱和效应的计算机病毒模型，并且取消对网络上的计算机总数的保守限制．如通常一样，我们将简单地认为每台计算机处于以下 3 种状态之一，即易感机、染毒机和安全机（已安装最新补丁）．易感机和安全机都没有被感染，但易感机没有免疫性，安全机有临时免疫性．$S(t)$，$I(t)$和 $R(t)$表示易感机、染毒机和安全机在时间 t 的数量．

为了简化，本章不考虑：由于安装了补丁，染毒机转变为安全机的情形．

为了达到本书的目的，提出下面的假设．

假设 5.1 每台连上网络的计算机,不论它何时入网,均是易感机.而且易感机以固定正速率 b 上线.

假设 5.2 每台在线计算机也以固定正速率 μ 下线.

假设 5.3 由于可能和染毒机接触,每台在线易感机在时间 t 以速率 $\frac{\beta I(t)}{1+\alpha I(t)}$ 受到感染,其中 $\beta>0,\alpha>0$ 是正常数.

假设 5.4 由于治疗,例如可能运行了新的或旧的杀毒软件,每台染毒机以固定正速率 γ 变成安全机.

假设 5.5 受补丁失效影响,每台安全机以固定正速率 δ 丢掉免疫性.

进而给出一些额外的假设.

假设 5.6 最新补丁在 $t=kT$ 时被散发,$k\in\mathbb{N}$,其中,$\mathbb{N}=\{1,2,3,\cdots\}$,$T>0$ 是一个常数.

假设 5.7 由于散发了最新补丁,平均占比为 p 的易感机在时刻 kT 变为安全机,其中,$0<p<1$ 且 p 是一个常数.

根据这些假设,得出一个新的数学模型

$$\begin{cases}\left.\begin{aligned}&\frac{\mathrm{d}S(t)}{\mathrm{d}t}=b-\frac{\beta S(t)I(t)}{1+\alpha I(t)}-\mu S(t)+\delta R(t),\\&\frac{\mathrm{d}I(t)}{\mathrm{d}t}=\frac{\beta S(t)I(t)}{1+\alpha I(t)}-(\mu+\gamma)I(t),\\&\frac{\mathrm{d}R(t)}{\mathrm{d}t}=\gamma I(t)-(\mu+\delta)R(t),\end{aligned}\right\}t\neq kT,\\\left.\begin{aligned}&S(t^+)=(1-p)S(t),\\&I(t^+)=I(t),\\&R(t^+)=R(t)+pS(t),\end{aligned}\right\}t=kT,\end{cases}\tag{5.1}$$

初值 $(S(0^+),I(0^+),R(0^+))\in R_+^3$.

由文献[109]可得,系统(5.1)的解是一个分段连续函数 $\Phi:R_+\to R_+^3$,$\Phi(t)$ 在 $(kT,(k+1)T]$ 上是连续的,并且 $\Phi(t^+)=\Phi(kT^+)=\lim\limits_{t\to kT^+}\Phi(t)$ 存在.

令 $N(t)$ 表示在时间 t 时网络上的计算机总数,则 $N(t)=S(t)+I(t)+R(t)$. 把系统(5.1)的前 3 个方程加起来,可看到:$\lim\limits_{t\to\infty}N(t)=\dfrac{b}{\mu}$. 通过渐近自治理论[110]可得,系统(5.1)与简化极限系统定性相似

$$\begin{cases}\left.\begin{aligned}&\frac{\mathrm{d}S(t)}{\mathrm{d}t}=b+\frac{\delta b}{\mu}-\frac{\beta S(t)I(t)}{1+\alpha I(t)}-(\mu+\delta)S(t)-\delta I(t),\\&\frac{\mathrm{d}I(t)}{\mathrm{d}t}=\frac{\beta S(t)I(t)}{1+\alpha I(t)}-(\mu+\gamma)I(t),\end{aligned}\right\}t\neq kT,\\\left.\begin{aligned}&S(t^+)=(1-p)S(t),\\&I(t^+)=I(t),\end{aligned}\right\}t=kT,\end{cases}\tag{5.2}$$

初值 $(S(0^+),I(0^+))\in\Omega$,其中

$$\Omega=\left\{(x,y)\in R_+^2:x+y\leqslant\frac{b}{\mu}\right\}.$$

明显地,Ω 是正向不变的. 由文献[109]知,系统(5.2)存在唯一的分段连续解.

在 5.2 节中将详细分析这个新模型.

5.2 脉冲计算机病毒模型的动力学分析

5.2.1 无毒周期解的全局稳定性

在本小节中,将证明在一定条件下,无毒周期解存在且全局稳定. 为证明主要结果,先给出证明所需的一个基本引理.

引理 5.1 (文献[96]的引理 2.1)考虑下列脉冲微分方程:

$$\begin{cases}\dfrac{\mathrm{d}u(t)}{\mathrm{d}t}=a-bu(t),t\neq kT,k\in\mathbb{N},\\u(t^+)=(1-\theta)u(t),t=kT,\end{cases}\tag{5.3}$$

其中,$a>0,b>0,0<\theta<1$. 那么存在系统(5.3)的一个唯一的正周期解

$$\bar{u}_e(t)=\frac{a}{b}+\left(u^*-\frac{a}{b}\right)\exp(-b(t-kT)),kT<t\leqslant(k+1)T,$$

它是全局渐近稳定的,其中

$$u^*=\frac{a(1-\theta)(1-\exp(-bT))}{b(1-(1-\theta)\exp(-bT))}.$$

下面证明无毒周期解存在,这时染毒机彻底消失,即 $I(t)\equiv0,t\geqslant0$. 这种情形下,易感机 $S(t)$ 的增长简化为

$$\begin{cases}\dfrac{\mathrm{d}S(t)}{\mathrm{d}t}=b+\dfrac{\delta b}{\mu}-(\mu+\delta)S(t),t\neq kT,k\in\mathbb{N},\\ S(t^+)=(1-p)S(t),t=kT,\end{cases}\tag{5.4}$$

关于这个系统,由引理5.1立即可得出下面的定理.

定理5.1　系统(5.4)有唯一的无毒周期解

$$\bar{S}(t)=\frac{b}{\mu}+\left(S^*-\frac{b}{\mu}\right)\exp(-(\mu+\delta)(t-kT)),kT<t\leqslant(k+1)T,\tag{5.5}$$

它是全局渐近稳定的,其中

$$S^*=\frac{b(1-p)(1-\exp(-(\mu+\delta)T))}{\mu(1-(1-p)\exp(-(\mu+\delta)T))}.\tag{5.6}$$

显然,有

推论5.1　系统(5.2)有唯一的无毒周期解$(\bar{S}(t),0)$.

推论5.2　系统(5.1)有唯一的无毒周期解$(\bar{S}(t),0,\bar{R}(t))$,其中,$\bar{R}(t)=\dfrac{b}{\mu}-\bar{S}(t)$.

现在研究系统(5.2)的无毒周期解的全局稳定性.先定义

$$\mathfrak{R}_0=\frac{\beta\int_0^T\bar{S}(t)\,\mathrm{d}t}{(\mu+\gamma)T}=\frac{\beta b}{\mu(\mu+\gamma)}\left\{1-\frac{p[1-\exp(-(\mu+\delta)T)]}{(\mu+\delta)T[1-(1-p)\exp(-(\mu+\delta)T)]}\right\}.\tag{5.7}$$

定理5.2　系统(5.2)的无毒周期解$(\bar{S}(t),0)$是局部渐近稳定的($\mathfrak{R}_0<1$),或不稳定的($\mathfrak{R}_0>1$).

证明 系统(5.2)在点$(\bar{S}(t),0)$的线性化系统是

$$\begin{cases}\left.\begin{aligned}&\frac{\mathrm{d}x(t)}{\mathrm{d}t}=-(\mu+\delta)x(t)-(\delta+\beta\bar{S}(t))y(t),\\&\frac{\mathrm{d}y(t)}{\mathrm{d}t}=(\beta\bar{S}(t)-\mu-\gamma)y(t),\end{aligned}\right\}t\neq kT,\\\left.\begin{aligned}&x(t^+)=(1-p)x(t),\\&y(t^+)=y(t),\end{aligned}\right\}t=kT,\end{cases}\tag{5.8}$$

令

$$A(t)=\begin{pmatrix}-\mu-\delta & -\delta-\beta\bar{S}(t)\\0 & \beta\bar{S}(t)-\mu-\gamma\end{pmatrix},\qquad B=\begin{pmatrix}1-p & 0\\0 & 1\end{pmatrix}.$$

由此得到线性化方程的 monodromy 矩阵 M 如下:

$$M=B\exp\left(\int_0^T A(t)\mathrm{d}t\right)=$$

$$\begin{pmatrix}(1-p)\exp(-(\mu+\delta)T) & *\\0 & \exp\left(\beta\int_0^T\bar{S}(t)\mathrm{d}t-(\mu+\gamma)T\right)\end{pmatrix},$$

这里没必要计算矩阵中(*)的准确值,因为在下面的分析中用不到.(M)的特征值λ_1,λ_2如下:

$$\lambda_1=(1-p)\exp(-(\mu+\delta)T)<1,\lambda_2=\exp\left(\beta\int_0^T\bar{S}(t)\mathrm{d}t-(\mu+\gamma)T\right),$$

如果$\mathfrak{R}_0<1$,那么$\lambda_2<1$. 根据 Floquet 理论[111],容易得到:a. 如果$\lambda_2<1$或$\mathfrak{R}_0<1$,那么$(\bar{S}(t),0)$是局部渐近稳定的. b. 如果$\lambda_2>1$或$\mathfrak{R}_0>1$,那么$(\bar{S}(t),0)$是不稳定的. 证毕.

注记 5.1 由定理 5.2 不难发现$\mathfrak{R}_0$正是系统(5.2)的基本再生数.

注记 5.2 如果

$$\frac{1}{T}\int_0^T\bar{S}(t)\mathrm{d}t<\frac{\mu+\gamma}{\beta}=R_c.$$

那么周期解$(\bar{S}(t),0)$的局部稳定性被保证了. 因此,为了稳定,只要在一个脉冲周期里$\bar{S}(t)$的平均值低于R_c即可,即使在这个周期的某些时间,$\bar{S}(t)$超过R_c也不影响. 这个条件在脉冲免疫下易于操作.

定理 5.3 如果$\mathfrak{R}_0<1$,那么系统(5.2)的无毒周期解$(\bar{S}(t),0)$是全局渐近稳定的.

证明 设$(S(t),I(t))$是系统(5.2)的任意一个解. 根据定理 5.2,只要证明

$$\lim_{t\to+\infty} S(t)=\bar{S}(t),\ \lim_{t\to+\infty} I(t)=0,$$

即可. 由系统(5.2),有

$$\begin{cases}\dfrac{\mathrm{d}S(t)}{\mathrm{d}t}\leqslant b+\dfrac{\delta b}{\mu}-(\mu+\delta)S(t),t\neq kT,k\in\mathbb{N},\\ S(t^+)=(1-p)S(t),t=kT,\end{cases}\tag{5.9}$$

现在,考虑比较系统

$$\begin{cases}\dfrac{\mathrm{d}v(t)}{\mathrm{d}t}=b+\dfrac{\delta b}{\mu}-(\mu+\delta)v(t),t\neq kT,k\in\mathbb{N},\\ v(t^+)=(1-p)v(t),t=kT,\end{cases}\tag{5.10}$$

初值$v(0^+)=S(0^+)$. 得到系统(5.10)在脉冲之间的唯一的正周期解的表示$\bar{v}(t)$,它等于系统(5.4)的解$\bar{S}(t)$. 由定理 5.1 知,系统(5.10)的周期解$\bar{v}(t)$是全局渐近稳定的. 根据脉冲微分方程的比较定理[109],有$T_1>0$,使得对所有$t\geqslant T_1$,都有

$$S(t)\leqslant v(t)<\bar{S}(t)+\varepsilon_1.\tag{5.11}$$

首先把这个不等式代入系统(5.2),得

$$\begin{cases}\dfrac{\mathrm{d}I(t)}{\mathrm{d}t}\leqslant[\beta(\bar{S}(t)+\varepsilon_1)-\mu-\gamma]I(t),t\neq kT,t\geqslant T_1,\\ I(t^+)=I(t),t=kT,t\geqslant T_1,\end{cases}\tag{5.12}$$

然后考虑下面带脉冲的比较系统

$$\begin{cases}\dfrac{\mathrm{d}w(t)}{\mathrm{d}t}\leqslant[\beta(\bar{S}(t)+\varepsilon_1)-\mu-\gamma]w(t),t\neq kT,t\geqslant T_1,\\ w(t^+)=w(t),t=kT,t\geqslant T_1,\end{cases}\tag{5.13}$$

令 $N_1=\left[\dfrac{T_1}{T}\right]$,初值 $w(N_1T^+)=I(N_1T^+)$,有 $I(t)\leqslant w(t)$. 把系统(5.13)在两个脉冲 $(N_1T,(N_1+1)T]$ 之间积分,得

$$w((N_1+1)T)=w(N_1T)\exp\left(\int_{N_1T}^{(N_1+1)T}(\beta(\bar{S}(t)+\varepsilon_1)-\mu-\gamma)\mathrm{d}t\right).$$

逐步积分,得

$$w(nT)=w(N_1T)\exp\left((n-N_1)\int_0^T(\beta(\bar{S}(t)+\varepsilon_1)-\mu-\gamma)\mathrm{d}t\right),$$

对 $n\geqslant N_1$. 既然 $\mathfrak{R}_0<1$,即 $\dfrac{\beta\int_0^T\bar{S}(t)\mathrm{d}t}{(\mu+\gamma)T}<1$,我们能选择一个足够小的 $\varepsilon_1>0$,使得 $\exp\left(\beta\int_0^T(\bar{S}(t)+\varepsilon_1)\mathrm{d}t-(\mu+\gamma)T\right)<1$,那么可得 $\lim\limits_{n\to\infty}w(nT)=0$. 因此,我们知道系统(5.13)的每个解

$$w(t)=w(nT)\exp\left(\int_{nT}^t(\beta(\bar{S}(t)+\varepsilon_1)-\mu-\gamma)\mathrm{d}s\right),nT<t\leqslant(n+1)T,$$

趋向零,即 $\lim\limits_{t\to\infty}w(t)=0$. 根据文献[109]的比较定理可得 $\lim\limits_{t\to\infty}I(t)=0$. 那么,对任意足够小的 $\varepsilon_2>0$,存在 $T_2>T_1$ 使得 $I(t)<\varepsilon_2$,对 $t\geqslant T_2$. 将其代入系统(5.2),得

$$\begin{cases}\dfrac{\mathrm{d}S(t)}{\mathrm{d}t}\geqslant b+\dfrac{\delta b}{\mu}-\delta\varepsilon_2-(\beta\varepsilon_2+\mu+\delta)S(t),t\geqslant T_2,t\neq kT,\\ S(t^+)=(1-p)S(t),t\geqslant T_2,t=kT,\end{cases}\tag{5.14}$$

令 $N_2=\left[\dfrac{T_2}{T}\right]$,考虑比较系统

$$\begin{cases}\dfrac{\mathrm{d}z(t)}{\mathrm{d}t}=b+\dfrac{\delta b}{\mu}-\delta\varepsilon_2-(\beta\varepsilon_2+\mu+\delta)z(t),t\geqslant T_2,t\neq kT,\\ z(t^+)=(1-p)z(t),t\geqslant T_2,t=kT,\end{cases}\tag{5.15}$$

初值 $z(N_2T^+)=S(N_2T^+)$. 类似于引理 5.1,可证明这个系统有一个全局渐近稳

定的周期解

$$\bar{z}(t)=\frac{b+\frac{\delta b}{\mu}-\delta\varepsilon_2}{\beta\varepsilon_2+\mu+\delta}+\left(z^*-\frac{b+\frac{\delta b}{\mu}-\delta\varepsilon_2}{\beta\varepsilon_2+\mu+\delta}\right)\exp[-(\beta\varepsilon_2+\mu+\delta)(t-kT)],$$

$kT<t\leqslant(k+1)T$,其中

$$z^*=\frac{\left(b+\frac{\delta b}{\mu}-\delta\varepsilon_2\right)(1-p)\{1-\exp[-(\beta\varepsilon_2+\mu+\delta)T]\}}{(\beta\varepsilon_2+\mu+\delta)\{1-(1-p)\exp[-(\beta\varepsilon_2+\mu+\delta)T]\}}$$

根据比较定理[109],存在 $T_3>T_2$,使得

$$S(t)\geqslant z(t)>\bar{z}(t)-\varepsilon_2,t\geqslant T_3. \tag{5.16}$$

由(5.11)和(5.16),得 $\bar{z}(t)-\varepsilon_2<S(t)<\bar{S}(t)+\varepsilon_1$. 因为 ε_1 和 ε_2 足够小,故可令 $\varepsilon_1,\varepsilon_2\to0^+$,有 $\lim\limits_{\varepsilon_1,\varepsilon_2\to0^+}\bar{z}(t)=\bar{S}(t)$,所以得 $\lim\limits_{t\to+\infty}S(t)=\bar{S}(t)$. 证毕.

由定理 5.3 可得如下推论.

推论 5.3 如果 $\mathcal{R}_0<1$,那么系统(5.1)的无毒周期解 $(\bar{S}(t),0,\bar{R}(t))$ 是全局渐近稳定的.

看下面的数值例子,可验证理论分析的结果.

【例 5.1】 考虑系统(5.1),$(\mu,\beta,\gamma,\delta,\alpha,p,b,T)=(0.1,0.006,0.3,0.2,0.05,0.3,10,2)$,计算得 $\mathcal{R}_0=0.950\,5<1$. 因此,推论 5.3 保证了它的无毒周期解的全局渐近稳定性. 图 5.1 和图 5.2 描绘了初值为 $(S(0),I(0),R(0))=(60,15,25)$ 的系统中的 $I(t)$ 的时间图和 $S(t),R(t)$ 的相图,可看到系统(5.1)的状态正接近无毒周期解,这和理论预测是一致的. 换句话说,这种情形下计算机病毒将被清除. 在实际生活中,通常感觉不到计算机病毒的流行,就是 $\mathcal{R}_0<1$ 的情形,这正是 360 杀毒软件等提供的脉冲免疫带给我们的福利.

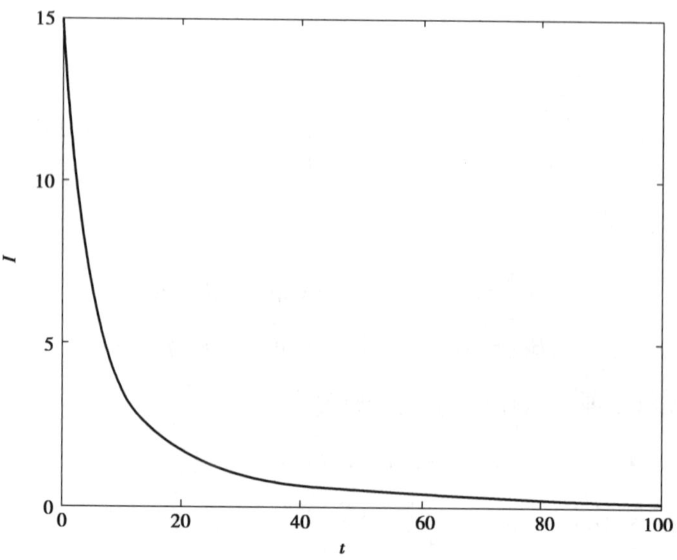

图 5.1　例 5.1 中的系统里的 $I(t)$ 的时间图

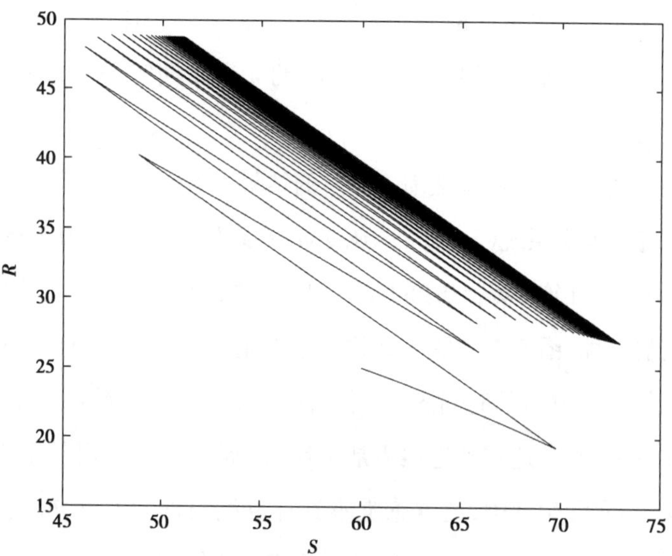

图 5.2　例 5.1 中的系统里的 $S(t)$,$R(t)$ 的相图

5.2.2　病毒持续

在本小节中，讨论病毒在网络上持续的条件.

首先给出以下两个定义.

定义 5.1　如果对系统(5.2)的每个解$(S(t),I(t))$，$I(0^+)>0$，当t足够大时，存在$m>0$使得$I(t)\geqslant m$，那么就说系统(5.2)在Ω上是病毒持续的.

定义 5.2　如果存在常数$c>0$(与初值无关)，使得系统(5.2)的每个解$(S(t),I(t))$，初值$(S(0^+),I(0^+))\in\Omega$，满足

$$\min\{\lim_{t\to\infty}\inf S(t),\lim_{t\to\infty}\inf I(t)\}\geqslant c.$$

那么就说系统(5.2)在Ω上是一致持续的.

定理 5.4　如果$\mathfrak{R}_0>1$，那么当t足够大时，存在一个正数m_2，使得系统(5.2)的任意正解满足$I(t)\geqslant m_2$. 即系统(5.2)是病毒持续的.

证明　为了方便，可分两步进行：

第一步：当$\mathfrak{R}_0>1$时，若存在小的$m_1\left(0<m_1<\dfrac{b}{\mu}\right)$和$\varepsilon>0$(足够小)，使得

$$\sigma=\int_0^{\mathrm{T}}\left(\frac{\beta}{1+\alpha m_1}(\bar{q}(t)-\varepsilon)-\mu-\gamma\right)\mathrm{d}t>0,$$

$\bar{q}(t)$的准确形式，可以看系统(5.19).

我们断言：$t_0>0$，对任意$t\geqslant t_0$，都有$I(t)<m_1$是不可能的. 相反，存在一个$t_0>0$，使得对$t\geqslant t_0$，$I(t)<m_1$.

从系统(5.2)中的第一个方程得：当$t\geqslant t_0$时，

$$\frac{\mathrm{d}S(t)}{\mathrm{d}t}>b+\frac{\delta b}{\mu}-\delta m_1-\left(\frac{\beta m_1}{1+\alpha m_1}+\mu+\delta\right)S(t).$$

然后考虑带脉冲的比较系统

$$\begin{cases}\dfrac{\mathrm{d}q(t)}{\mathrm{d}t}=b+\dfrac{\delta b}{\mu}-\delta m_1-\left(\dfrac{\beta m_1}{1+\alpha m_1}+\mu+\delta\right)q(t),t\geqslant t_0,t\neq kT,\\ q(t^+)=(1-p)q(t),t\geqslant t_0,t=kT,\end{cases}\tag{5.17}$$

初值 $q(0^+)=S(0^+)$. 根据脉冲微分方程的比较定理和引理 5.1 可知,存在一个 $t_1>t_0$,使得

$$S(t)>\bar{q}(t)-\varepsilon,t>t_1. \tag{5.18}$$

其中

$$\bar{q}(t)=\frac{b+\frac{\delta b}{\mu}-\delta m_1}{\frac{\beta m_1}{1+\alpha m_1}+\mu+\delta}+\left(q^*-\frac{b+\frac{\delta b}{\mu}-\delta m_1}{\frac{\beta m_1}{1+\alpha m_1}+\mu+\delta}\right)\exp\left[-\left(\frac{\beta m_1}{1+\alpha m_1}+\mu+\delta\right)(t-kT)\right],$$

$$kT<t\leqslant(k+1)T, \tag{5.19}$$

$$q^*=\frac{\left(b+\frac{\delta b}{\mu}-\delta m_1\right)(1-p)\left\{1-\exp\left[-\left(\frac{\beta m_1}{1+\alpha m_1}+\mu+\delta\right)T\right]\right\}}{\left(\frac{\beta m_1}{1+\alpha m_1}+\mu+\delta\right)\left\{1-(1-p)\exp\left[-\left(\frac{\beta m_1}{1+\alpha m_1}+\mu+\delta\right)T\right]\right\}},$$

是系统(5.17)的唯一的正周期解且全局渐近稳定.

由系统(5.18)和系统(5.2)的第二个方程,可得

$$\frac{\mathrm{d}I(t)}{\mathrm{d}t}\geqslant\left(\frac{\beta(\bar{q}(t)-\varepsilon)}{1+\alpha m_1}-\mu-\gamma\right)I(t),t\neq kT, \tag{5.20}$$

$t>t_1$. 令 K^* 是一个正整数且 $K^*T\geqslant t_1$,在 $(nT,(n+1)T]$ 上考虑系统(5.20),$n>K^*$,可得

$$I((n+1)T)\geqslant I(nT)\exp\left(\int_{nT}^{(n+1)T}h(t)\mathrm{d}t\right)=I(nT)\exp(\sigma),$$

其中,$h(t)=\frac{\beta(\bar{q}(t)-\varepsilon)}{1+\alpha m_1}-\mu-\gamma$. 注意到 $I(K^*T)>0$,当 $n\to\infty$ 时,有 $I((K^*+n)T)\geqslant I(K^*T)\exp(n\sigma)\to\infty$. 由于 $I(t)$ 是有界的,这是矛盾的. 因此,存在一个 $t_2>t_1$,使得 $I(t_2)\geqslant m_1$.

第二步:根据第一步的结果,下面我们需要考虑系统(5.2)的正解 $(S(t),I(t))$ 的两种情形.

首先,当 t 足够大时,$I(t)\geqslant m_1$. 其次,当 t 足够大时,$I(t)$ 在 m_1 左右摆动.

第一种情形,定理明显成立.第二种情形,令 $t^* = \inf\limits_{t>t_2}\{I(t)<m_1\}$,当 $t\in[t_2,t^*)$ 时,$I(t)\geqslant m_1$,且 $I(t)$ 是连续的,故 $I(t^*)=m_1$.

假设 $t^*\in(K_1T,(K_1+1)T]$,K_1 是一个正整数,选择一个正整数 K_2,使得 $\exp(-(\mu+\gamma)T)\exp(K_2\sigma)>1$.声称一定存在一个 $t_3\in((K_1+1)T,(K_1+1+K_2)T]$ 使得 $I(t_3)\geqslant m_1$,否则当 $t\in((K_1+1)T,(K_1+1+K_2)T]$ 时,$I(t)<m_1$,明显地,(5.18)在这个区间成立.考虑系统(5.17),$q((K_1+1)T^+)\leqslant S((K_1+1)T^+)$,类似第一步,得

$$I((K_1+1+K_2)T)\geqslant I((K_1+1)T)\exp(K_2\sigma). \tag{5.21}$$

根据系统(5.2)的第二个方程,得

$$\frac{\mathrm{d}I(t)}{\mathrm{d}t}\geqslant -(\mu+\gamma)I(t). \tag{5.22}$$

在 $(t^*,(K_1+1)T]$ 上对系统(5.22)积分,可得

$$I((K_1+1)T)\geqslant m_1\exp(-(\mu+\gamma)T). \tag{5.23}$$

根据(5.21)和(5.23),有

$$I((K_1+1+K_2)T)\geqslant m_1\exp(-(\mu+\gamma)T)\exp(K_2\sigma)>m_1.$$

一个矛盾产生.

令 $\bar{t}=\inf\limits_{t>t^*}\{I(t)\geqslant m_1\}$,$\bar{t}\in((K_1+1)T,(K_1+1+K_2)T]$,那么 $I(\bar{t})=m_1$ 且 $t\in[t^*,\bar{t})$,(5.22)成立.在 $[t^*,\bar{t})$ 上对系统(5.22)积分,可得

$$I(t)\geqslant I(t^*)\exp(-(\mu+\gamma)(t-t^*))\geqslant m_1\exp(-(\mu+\gamma)(K_2+1)T)=m_2.$$

既然 $I(\bar{t})\geqslant m_1$,当 $t>\bar{t}$ 时,同样的过程能被重复.所以,当 t 足够大时,$I(t)\geqslant m_2$.证毕.

定理 5.5 如果 $\mathcal{R}_0>1$,那么系统(5.2)是一致持续的.

证明 由系统(5.2)的第一个方程可得

$$\frac{\mathrm{d}S(t)}{\mathrm{d}t}\geqslant b-\left(\frac{\beta b}{\mu+\alpha b}+\mu+\delta\right)S(t)$$

$t\neq kT$.考虑比较系统

$$\begin{cases}\dfrac{\mathrm{d}h(t)}{\mathrm{d}t}=b-\left(\dfrac{\beta b}{\mu+\alpha b}+\mu+\delta\right)h(t),t\neq kT,\\ h(t^+)=(1-p)h(t),t=kT,\end{cases}\tag{5.24}$$

初值 $h(0^+)=S(0^+)$. 根据引理 5.1,可知系统(5.24)存在唯一的正周期解

$$\bar{h}(t)=\frac{b}{\left(\dfrac{\beta b}{\mu+\alpha b}+\mu+\delta\right)}\left\{1+\left[\frac{(1-p)\left(1-\exp\left(-\left(\dfrac{\beta b}{\mu+\alpha b}+\mu+\delta\right)T\right)\right)}{1-(1-p)\exp\left(-\left(\dfrac{\beta b}{\mu+\alpha b}+\mu+\delta\right)T\right)}-1\right]\times\right.$$

$$\left.\exp\left[-\left(\frac{\beta b}{\mu+\alpha b}+\mu+\delta\right)(t-kT)\right]\right\},$$

$$=\frac{b}{\left(\dfrac{\beta b}{\mu+\alpha b}+\mu+\delta\right)}\left[1-\frac{p\exp\left(-\left(\dfrac{\beta b}{\mu+\alpha b}+\mu+\delta\right)(t-kT)\right)}{1-(1-p)\exp\left(-\left(\dfrac{\beta b}{\mu+\alpha b}+\mu+\delta\right)T\right)}\right],$$

$$kT<t\leqslant(k+1)T,$$

它是全局渐近稳定的. 因此,当 t 足够大时,有

$$S(t)\geqslant\bar{h}(t)-\varepsilon>\frac{b}{\left(\dfrac{\beta b}{\mu+\alpha b}+\mu+\delta\right)}\frac{(1-p)\left(1-\exp\left(-\left(\dfrac{\beta b}{\mu+\alpha b}+\mu+\delta\right)T\right)\right)}{1-(1-p)\exp\left(-\left(\dfrac{\beta b}{\mu+\alpha b}+\mu+\delta\right)T\right)}-\varepsilon$$

$$=m_3.$$

令 $c=\min\{m_2,m_3\}$. 根据定理 5.4 和定义 5.2 可得,系统(5.2)是一致持续的.

由定理 5.4 和定理 5.5 可得以下推论.

推论 5.4　如果$\mathfrak{R}_0>1$,那么当 t 足够大时,系统(5.1)的任何正解满足 $S(t)\geqslant m_3$ 和 $I(t)\geqslant m_2$.

根据系统(5.1)的第三、第六个方程和定理 5.4,有$\dfrac{\mathrm{d}R(t)}{\mathrm{d}t}\geqslant\gamma m_2-(\mu+\delta)R(t)$, $t\neq kT$ 和 $R(t^+)\geqslant R(t)$, $t=KT$,进而可得$\lim\limits_{t\to\infty}R(t)\geqslant\dfrac{\gamma m_2}{\mu+\delta}$. 对一个足够小的 $\varepsilon_3>0$,令 $m_4=\dfrac{\gamma m_2}{\mu+\delta}-\varepsilon_3>0$,则存在一个 t',使得当 $t>t'$时,$R(t)>m_4$.

根据上面的讨论可得以下定理.

定理 5.6 如果$\mathcal{R}_0>1$,那么系统(5.1)是一致持续的.

再看下面的两个数值例子:

【例 5.2】 系统(5.1),$(\mu,\beta,\gamma,\delta,\alpha,p,b,T)=(0.1,0.007,0.25,0.15,0.05,0.4,10,3)$,可算得$\mathcal{R}_0=1.2146>1$.由定理5.6可得,系统是一致持续的.图5.3、图5.4和图5.5展示了初值为$(S(0),I(0),R(0))=(50,10,40)$的$S(t)$,$I(t)$和$R(t)$的时间图,它符合理论预测.换句话说,这种情形下的电子病毒不能被清除.

【例 5.3】 考虑系统(5.1),$(\mu,\beta,\gamma,\delta,\alpha,p,b,T)=(0.1,0.01,0.1,0.2,0.05,0.25,10,5)$,计算得$\mathcal{R}_0=4.2225>1$.根据定理5.6,系统(5.1)也是一致持续的.图5.6和图5.7分别展示了$I(t)$的时间图以及系统(5.1)的相图,初值$(S(0),I(0),R(0))=(50,10,40)$,再一次它证实了理论预测.事实上,这种情形下病毒流行得非常厉害.

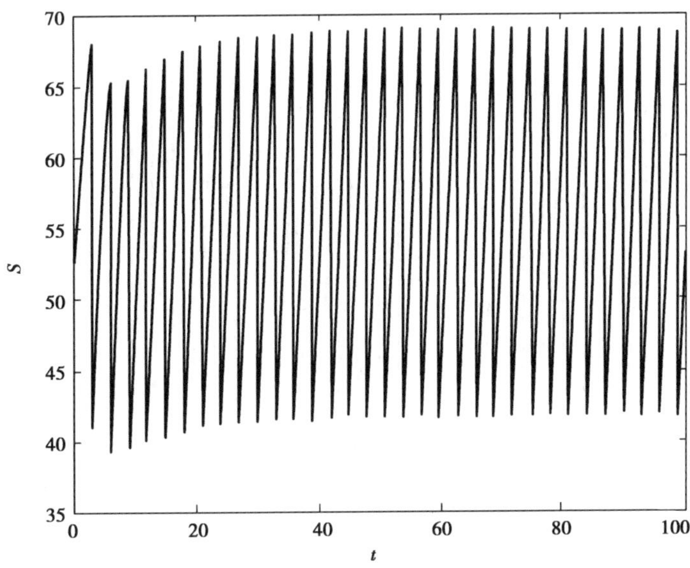

图5.3 例5.2中的系统里的$S(t)$的时间图

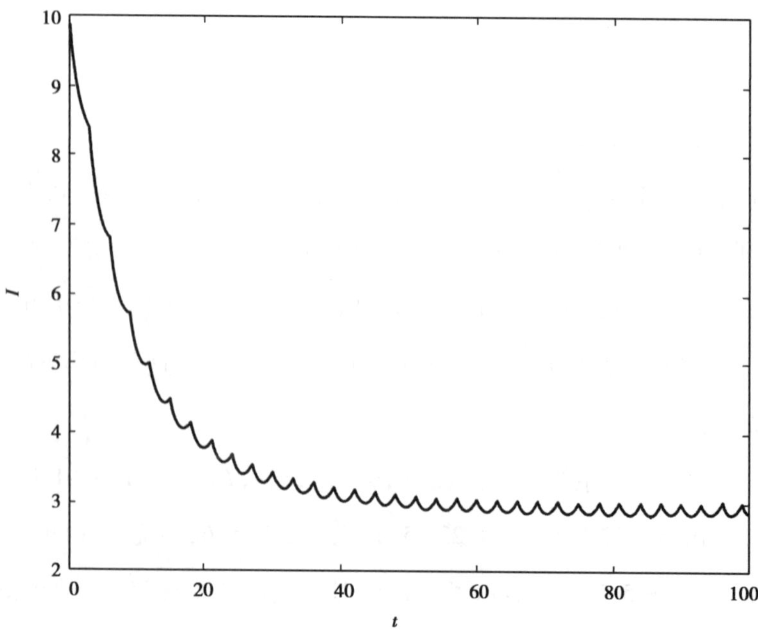

图 5.4　例 5.2 中的系统里的 $I(t)$ 的时间图

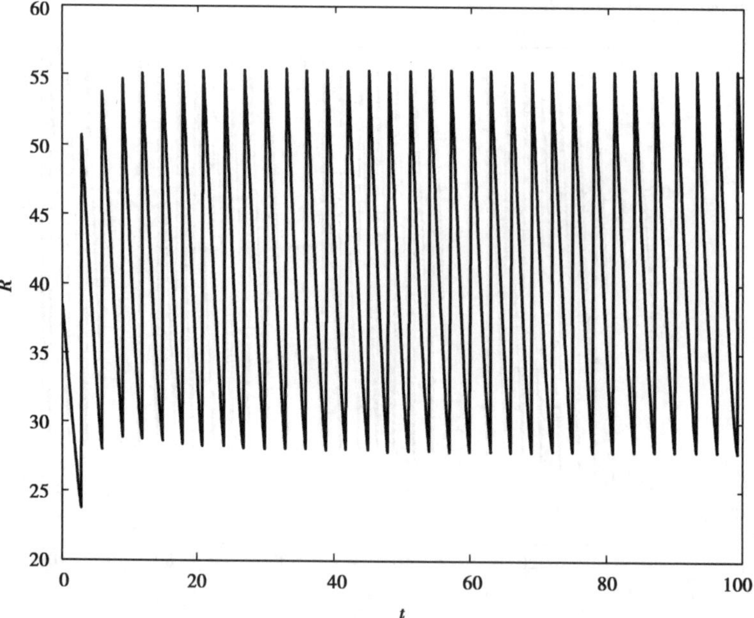

图 5.5　例 5.2 中的系统里的 $R(t)$ 的时间图

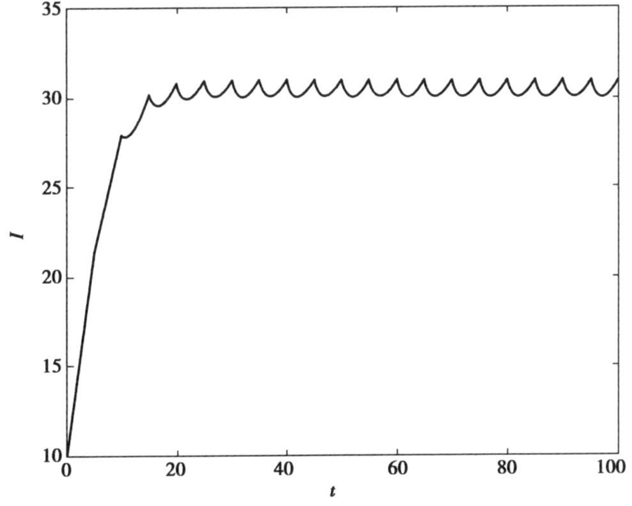

图 5.6 例 5.3 中的系统里 $I(t)$ 的时间图

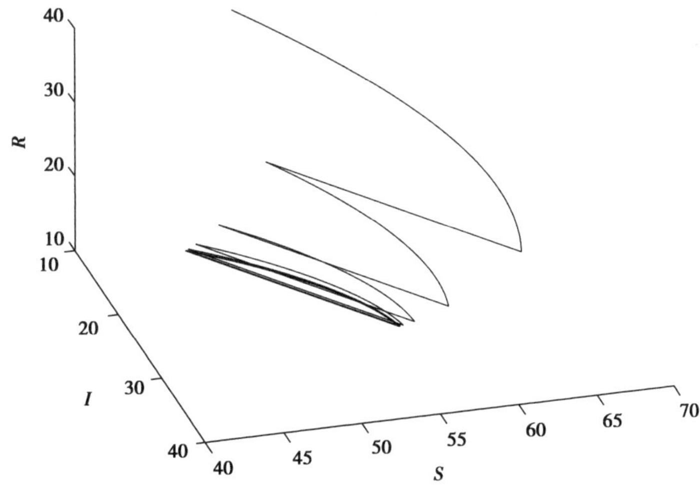

图 5.7 例 5.3 中的系统的相图

基于大量数值例子的结果,我们猜测:如果$\mathfrak{R}_0>1$,那么系统(5.1)有一个稳定的有毒周期解.

5.2.3 超临界分岔

在本小节中,我们用脉冲分岔理论[112]研究当 BRR 等于 1 的情形. 为了读者的方便,下面来叙述它.

考虑脉冲微分系统

$$\begin{cases}\left.\begin{aligned}\frac{\mathrm{d}x_1(t)}{\mathrm{d}t}=f_1(x_1(t),x_2(t)),\\ \frac{\mathrm{d}x_2(t)}{\mathrm{d}t}=f_2(x_1(t),x_2(t)),\end{aligned}\right\} t\neq kT,\\ \left.\begin{aligned}x_1(t^+)=\theta_1(x_1(t),x_2(t)),\\ x_2(t^+)=\theta_2(x_1(t),x_2(t)),\end{aligned}\right\} t=kT,\end{cases}\tag{5.25}$$

这里的f_1, f_2,θ_1 和 θ_2 是足够光滑的.假设

$$\begin{cases}\frac{\mathrm{d}x_1(t)}{\mathrm{d}t}=g(x_1(t))=f_1(x_1(t),0),t\neq kT,\\ x_1(t^+)=\theta(x_1(t))=\theta_1(x_1(t),0),t=kT,\end{cases}\tag{5.26}$$

有一个稳定的 T 周期解,记为 $x_e(t)$. 因此,$\zeta(t)=(x_e(t),0)^{\mathrm{T}}$ 是系统(5.25)的一个平凡周期解.设 $\Phi(t)=(\phi_1(t),\phi_2(t))$是系统(5.25)的前两个方程的关联流形. $X(t)=(x_1(t),x_2(t))^{\mathrm{T}}=\Phi(t,X_0)$,$0<t\leqslant T$,这里的 $X_0=X(0)$,$x_0=x_e(0)$,则 $\zeta(0)=(x_0,0)^{\mathrm{T}}$.

本书引出下面的记号[112],

$$d_0=1-\left(\frac{\partial\theta_2}{\partial x_2}\frac{\partial\phi_2}{\partial x_2}\right)_{(T,x_0)},$$

$$a_0=1-\left(\frac{\partial\theta_1}{\partial x_1}\frac{\partial\phi_1}{\partial x_1}\right)_{(T,x_0)},$$

$$b_0=-\left(\frac{\partial\theta_1}{\partial x_1}\frac{\partial\phi_1}{\partial x_2}+\frac{\partial\theta_1}{\partial x_2}\frac{\partial\phi_2}{\partial x_2}\right)_{(T,x_0)},$$

$$\frac{\partial\phi_1(T,x_0)}{\partial t}=\frac{\mathrm{d}x_e(T)}{\mathrm{d}t},$$

$$\frac{\partial\phi_1(T,x_0)}{\partial x_1}=\exp\left(\int_0^T\frac{\partial f_1(\zeta(r))}{\partial x_1}\mathrm{d}r\right),$$

$$\frac{\partial\phi_2(T,x_0)}{\partial x_2}=\exp\left(\int_0^T\frac{\partial f_2(\zeta(r))}{\partial x_2}\mathrm{d}r\right),$$

$$\frac{\partial\phi_1(T,x_0)}{\partial x_2}=\int_0^T\exp\left(\int_u^T\frac{\partial f_1(\zeta(r))}{\partial x_1}\mathrm{d}r\right)\left(\frac{\partial f_1(\zeta(u))}{\partial x_2}\right)\exp\left(\int_0^u\frac{\partial f_2(\zeta(r))}{\partial x_2}\mathrm{d}r\right)\mathrm{d}u,$$

$$\frac{\partial^2\phi_2(T,x_0)}{\partial x_1\partial x_2}=\int_0^T\exp\left(\int_u^T\frac{\partial f_2(\zeta(r))}{\partial x_2}\mathrm{d}r\right)\left(\frac{\partial^2 f_2(\zeta(u))}{\partial x_1\partial x_2}\right)\exp\left(\int_0^u\frac{\partial f_2(\zeta(r))}{\partial x_2}\mathrm{d}r\right)\mathrm{d}u,$$

$$\begin{aligned}\frac{\partial^2\phi_2(T,x_0)}{\partial x_2^2}=&\int_0^T\exp\left(\int_u^T\frac{\partial f_2(\zeta(r))}{\partial x_2}\mathrm{d}r\right)\left(\frac{\partial^2 f_2(\zeta(u))}{\partial x_2^2}\right)\times\\&\exp\left(\int_0^u\frac{\partial f_2(\zeta(r))}{\partial x_2}\mathrm{d}r\right)\mathrm{d}u+\int_0^T\left\{\exp\left(\int_u^T\frac{\partial f_2(\zeta(r))}{\partial x_2}\mathrm{d}r\right)\times\right.\\&\left.\left(\frac{\partial^2 f_2(\zeta(u))}{\partial x_1\partial x_2}\right)\right\}\left\{\int_0^u\exp\left(\int_p^u\frac{\partial f_1(\zeta(r))}{\partial x_1}\mathrm{d}r\right)\times\right.\\&\left.\left(\frac{\partial f_1(\zeta(p))}{\partial x_2}\right)\exp\left(\int_0^p\frac{\partial f_2(\zeta(r))}{\partial x_2}\mathrm{d}r\right)\mathrm{d}p\right\}\mathrm{d}u,\end{aligned}$$

$$\frac{\partial^2\phi_2(T,x_0)}{\partial t\partial x_2}=\frac{\partial f_2(\zeta(T))}{\partial x_2}\exp\left(\int_0^T\frac{\partial f_2(\zeta(r))}{\partial x_2}\mathrm{d}r\right),$$

$$\begin{aligned}B=&-\frac{\partial^2\theta_2}{\partial x_1\partial x_2}\left(\frac{\partial\phi_1(T,x_0)}{\partial t}+\frac{\partial\phi_1(T,x_0)}{\partial x_1}\frac{1}{a_0}\frac{\partial\theta_1}{\partial x_1}\frac{\partial\phi_1(T,x_0)}{\partial t}\right)\frac{\partial\phi_2(T,x_0)}{\partial x_2}-\\&\frac{\partial\theta_2}{\partial x_2}\left(\frac{\partial^2\phi_2(T,x_0)}{\partial t\partial x_2}+\frac{\partial^2\phi_2(T,x_0)}{\partial x_1\partial x_2}\frac{1}{a_0}\frac{\partial\theta_1}{\partial x_1}\frac{\partial\phi_1(T,x_0)}{\partial t}\right),\end{aligned}$$

$$\begin{aligned}C=&-2\frac{\partial^2\theta_2}{\partial x_1\partial x_2}\left(-\frac{b_0}{a_0}\frac{\partial\phi_1(T,x_0)}{\partial x_1}+\frac{\partial\phi_1(T,x_0)}{\partial x_2}\right)\frac{\partial\phi_2(T,x_0)}{\partial x_2}-\\&\frac{\partial^2\theta_2}{\partial x_2^2}\left(\frac{\partial\phi_2(T,x_0)}{\partial x_2}\right)^2+2\frac{\partial\theta_2}{\partial x_2}\frac{b_0}{a_0}\frac{\partial^2\phi_2(T,x_0)}{\partial x_1\partial x_2}-\frac{\partial\theta_2}{\partial x_2}\frac{\partial^2\phi_2(T,x_0)}{\partial x_2^2}.\end{aligned}$$

现在从文献[112]不加证明地引入一个重要结论，它是证明本小节定理的主要工具.

引理 5.2 考虑系统(5.25)，$0<a_0<2$.

(ⅰ)如果 $BC<0$，那么在 $d_0=0$ 处，一个超临界分岔发生.

(ⅱ)如果 $BC>0$，那么在 $d_0=0$ 处，一个亚临界分岔发生.

(ⅲ)如果 $BC=0$,那么系统的分岔情况不确定.

定理 5.7 当$\mathcal{R}_0$逐渐增大经过 1 时,系统(5.2)发生超临界分岔,原来的无毒周期解消失,同时出现一个稳定的有毒周期解.

证明 考虑系统(5.2).注意到系统(5.2)有一个平凡的周期解$(\bar{S}(t),0)$.类似于文献[112],我们把 $S(t)$,$I(t)$换成$(x_1(t),x_2(t))$,因此

$$f_1(x_1(t),x_2(t))=b+\frac{\delta b}{\mu}-\frac{\beta x_1(t)x_2(t)}{1+\alpha x_2(t)}-(\mu+\delta)x_1(t)-\delta x_2(t),$$

$$f_2(x_1(t),x_2(t))=\frac{\beta x_1(t)x_2(t)}{1+\alpha x_2(t)}-(\mu+\gamma)x_2(t),$$

$$\theta_1(x_1(t),x_2(t))=(1-p)x_1(t),$$

$$\theta_2(x_1(t),x_2(t))=x_2(t),$$

$$\zeta(t)=(x_e(t),0)^{\mathrm{T}}=(\bar{S}(t),0)^{\mathrm{T}}.$$

可算出

$$d_0=1-\exp\left\{\int_0^T[\beta\bar{S}(t)-(\mu+\gamma)]\mathrm{d}t\right\},a_0=1-(1-p)\exp(-(\mu+\gamma)T)>0,$$

$$b_0>0,\frac{\partial\phi_1(T,x_0)}{\partial t}=\frac{\mathrm{d}x_e(T)}{\mathrm{d}t}>0,\frac{\partial\phi_1(T,x_0)}{\partial x_1}>0,\frac{\partial\phi_2(T,x_0)}{\partial x_2}>0,$$

$$\frac{\partial\phi_1(T,x_0)}{\partial x_2}<0,\frac{\partial^2\phi_2(T,x_0)}{\partial x_1\partial x_2}>0,\frac{\partial^2\phi_2(T,x_0)}{\partial x_2^2}<0,$$

$$\frac{\partial^2\phi_2(T,x_0)}{\partial t\partial x_2}=[\beta\bar{S}(T)-(\mu+\gamma)]\exp\left\{\int_0^T[\beta\bar{S}(r)-(\mu+\gamma)]\mathrm{d}r\right\}.$$

由于

$$\frac{\partial\theta_1}{\partial x_1}=(1-p),\frac{\partial\theta_2}{\partial x_2}=1,\frac{\partial^2\theta_2}{\partial x_1\partial x_2}=0,\frac{\partial^2\theta_2}{\partial x_2^2}=0,$$

所以

$$B=-(\beta\bar{S}(T)-(\mu+\gamma))\exp\left\{\int_0^T[\beta\bar{S}(r)-(\mu+\gamma)]\mathrm{d}r\right\}-\frac{1-p}{a_0}\frac{\partial^2\phi_2(T,x_0)}{\partial x_1\partial x_2}\frac{\mathrm{d}x_e(T)}{\mathrm{d}t},$$

$$C = 2\frac{b_0}{a_0}\frac{\partial^2\phi_2(T,x_0)}{\partial x_1\partial x_2} - \frac{\partial^2\phi_2(T,x_0)}{\partial x_2^2} > 0.$$

在此确定 B 的符号. 令 $f(t)=\beta\bar{S}(t)-(\mu+\gamma)$,可得

$$\frac{\mathrm{d}f(t)}{\mathrm{d}t}=\beta\frac{\mathrm{d}\bar{S}(t)}{\mathrm{d}t}=\beta\frac{\mathrm{d}x_e(T)}{\mathrm{d}t}=\frac{\beta bp(\mu+\delta)\exp(-(\mu+\delta)T)}{\mu[1-(1-p)\exp(-(\mu+\delta)T)]}>0,$$

故函数 $f(t)$ 是严格单增的. 由 $\mathfrak{R}_0=1$ 可得 $d_0=0$, $\int_0^T(f(t))\mathrm{d}t=f(\tau)T=0,\tau\in(0,T)$. 因此得 $f(T)>0$. 进而 $B<0$, 故 $BC<0$. 明显地, $0<a_0<2$. 所以,根据引理 5.2 可得到想要的结果. 证毕.

5.2.4 进一步讨论

根据前面的讨论,应采取一些实际措施,把基本再生数 $\mathfrak{R}_0$ 降到 1 以下,以便清除计算机病毒. 为此,在本小节中,不同的模型参数对 $\mathfrak{R}_0$ 的影响将被研究.

定理 5.8 当 p 和 γ 增加时, $\mathfrak{R}_0$ 下降;当 β,δ,T 和 b 增加时, $\mathfrak{R}_0$ 增加.

证明 首先,从系统(5.7)中可以看出, $\mathfrak{R}_0$ 随着 γ 的增加而下降; $\mathfrak{R}_0$ 随着 β 和 b 的增加而增加.

其次,由计算可得

$$\frac{\partial\mathfrak{R}_0}{\partial p}=-\frac{\beta b\{1-\exp[-(\mu+\delta)T]\}^2}{\mu(\mu+\gamma)(\mu+\delta)T\{1-(1-p)\exp[-(\mu+\delta)T]\}^2}<0.$$

然后,

$$\frac{\partial\mathfrak{R}_0}{\partial\delta}=\frac{\beta bpT\{[1-\exp(-(\mu+\delta)T)][1-(1-p)\exp(-(\mu+\delta)T)]-p(\mu+\delta)T\exp(-(\mu+\delta)T)\}}{\mu(\mu+\gamma)[(\mu+\delta)T]^2[1-(1-p)\exp(-(\mu+\delta)T)]^2}$$

证明下式即可.

$$[1-\exp(-(\mu+\delta)T)][1-(1-p)\exp(-(\mu+\delta)T)]-p(\mu+\delta)T\exp(-(\mu+\delta)T)>0.$$

为此,定义一个辅助函数如下:

$$g(x)=[1-\exp(-x)][1-(1-p)\exp(-x)]-px\exp(-x),x>0.$$

计算得

$$g(x)=[1-\exp(-x)-x\exp(-x)]+(1-p)\exp(-x)[\exp(-x)+x-1].$$

注意当 $x>0$ 时，$1-\exp(-x)-x\exp(-x)>0$，且 $\exp(-x)+x-1>0$. 因此，当 $x>0$ 时，$g(x)>0$.

最后，有

$$\frac{\partial \mathfrak{R}_0}{\partial T}=\frac{\beta bp\{[1-\exp(-(\mu+\delta)T)][1-(1-p)\exp(-(\mu+\delta)T)]-p(\mu+\delta)T\exp(-(\mu+\delta)T)\}}{\mu(\mu+\gamma)[(\mu+\delta)T]^2[1-(1-p)\exp(-(\mu+\delta)T)]^2}>0.$$

证毕.

注记 5.3　令

$$q(T)=\mathfrak{R}_0-1=\frac{\beta b}{\mu(\mu+\gamma)}\left\{1-\frac{p[1-\exp(-(\mu+\delta)T)]}{(\mu+\delta)T[1-(1-p)\exp(-(\mu+\delta)T)]}\right\}-1,$$

由定理 5.8 知，$q(T)$ 随着 T 的增加而增加. 如果取 $\mu=0.1$，$\beta=0.01$，$\gamma=0.25$，$\delta=0.2$，$b=5$，$p=0.3$，那么，当 $T=2$ 时，$q(2)=-0.094\,7<0$；当 $T=4$ 时，$q(4)=0.112\,3>0$. 因此，$q(T)$ 有一个唯一的正的零点，用 T_* 表示. 进一步可得：当 $T<T_*$ 时，$\mathfrak{R}_0<1$；当 $T=T_*$ 时，$\mathfrak{R}_0=1$；当 $T>T_*$ 时，$\mathfrak{R}_0>1$.

我们愿意解决关键的免疫比，即当 $\mathfrak{R}_0(p_0)=1$ 时 p_0 的值. 这里 $\mathfrak{R}_0(p_0)$ 表示：p 被 p_0 替换时，$\mathfrak{R}_0$ 的值. 直接计算可得

$$\begin{aligned}p_0 &=(\mu+\delta)T\{1-\exp[-(\mu+\delta)T]\}[\beta b-\mu(\mu+\gamma)]/\{\beta b[1-\exp(-(\mu+\delta)T)\\&\quad-(\mu+\delta)T\exp(-(\mu+\delta)T)]+\mu(\mu+\gamma)(\mu+\delta)T\exp[-(\mu+\delta)T]\}.\end{aligned}\tag{5.27}$$

由定理 5.8 可得以下推论.

推论 5.5　系统(5.1)，(a) 当 $p>p_0$ 时，无毒周期解是全局渐近稳定的，即病毒消失；(b) 当 $p<p_0$ 时，病毒是持续的.

注记 5.4　由系统(5.27)可以看出，$p_0<0$ 或 $p_0>1$ 是可能的. 例如，令 $\mu=0.1$，$\beta=0.006$，$\gamma=0.3$，$\delta=0.2$，$b=5$，$T=2$，则 $p_0=-0.160\,9$；令 $\mu=0.1$，$\beta=0.03$，$\gamma=0.25$，$\delta=0.15$，$b=5$，$T=3$，则 $p_0=1.185\,0$. 然而，众所周知，免疫率 p 为 0 ~ 1. 推论 5.5 展示：当 $p_0<0$ 时，病毒消失；当 $p_0>1$ 时，病毒持续. 这里，给出物理解释如下：若 $p_0<0$，即使没有脉冲免疫，病毒也会消失；若 $p_0>1$，即使 100% 脉冲免

疫,病毒也会持续. 这些结论告诉我们:要清除病毒,不但要控制免疫率,而且别的参数,如感染率 β,脉冲免疫周期 T 等,也要考虑,即为了控制病毒,仅仅利用脉冲免疫是不够的,必须联合其他措施.

建立在以上讨论的基础上,用户为控制病毒流行所能采取的有效措施的不完整列表如下:

①加强补丁和杀毒能力的研究和开发,改善服务寿命、缩短研发周期,能够缩减脉冲免疫周期 T 和失效率 δ, 且能提高脉冲免疫率 p 和恢复率 γ. 补丁研发者研发新补丁成本高,但回报高.

②提醒计算机用户必须安装补丁,更新病毒库,以便提高脉冲免疫率 p 和恢复率 γ,缩小感染率 β.

③用防火墙过滤外来信息有利于降低感染率 β.

④除非必要,不要将计算机联网,以便缩减更新率 b.

这些措施中,特别值得推荐的是,即使用户的计算机没有被明显感染,也应该定期更新补丁.

在以前的大多数计算机病毒流行病模型中,感染率被简单地假设是不变的,这和实际情形是不一致的. 现实中,计算机用户意识到当电子病毒存在时,将采取措施防卫. 因此,用 $\dfrac{\beta}{1+\alpha I(t)}$ 替换 β. 这就是饱和效应! 它对计算机病毒传播的影响也是非常显著的. 再看下面的数值例子.

【例 5.4】 考虑系统(5.1),初值$(S(0),I(0),R(0))=(50,30,20)$. 然后考虑对比系统($1_*$),这里不考虑饱和效应,其他与系统(5.1)一样. I 表示系统(5.1)中染毒机的数量;I_* 表示系统(1_*)中染毒机的数量. 图 5.8 展示了参数值为$(\mu,\beta,\gamma,\delta,\alpha,p,b,T)=(0.1,0.006,0.3,0.2,0.05,0.3,10,2)$(可算得$\mathcal{R}_0=0.950\ 5<1$)时 I_* 和 I 的动力学性质的对比. 图 5.9 展示了参数值为$(\mu,\beta,\gamma,\delta,\alpha,p,b,T)=(0.1,0.009,0.3,0.15,0.05,0.4,10,3)$(计算得$\mathcal{R}_0=1.366\ 4>1$)时 I_* 和 I 的动力学性质的对比. 从图 5.8 和图 5.9 能看出饱和效应的影响是明显

的,特别是病毒流行时.

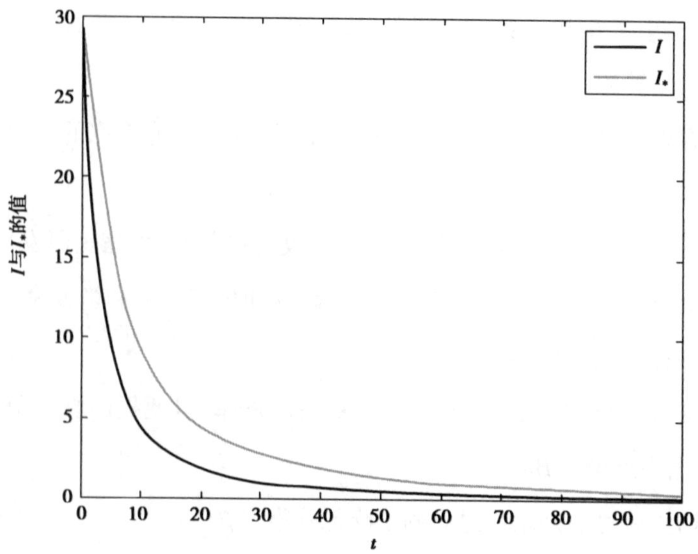

图 5.8　$\Re_0<1$ 时,I_* 和 I 的动力学性质的对比

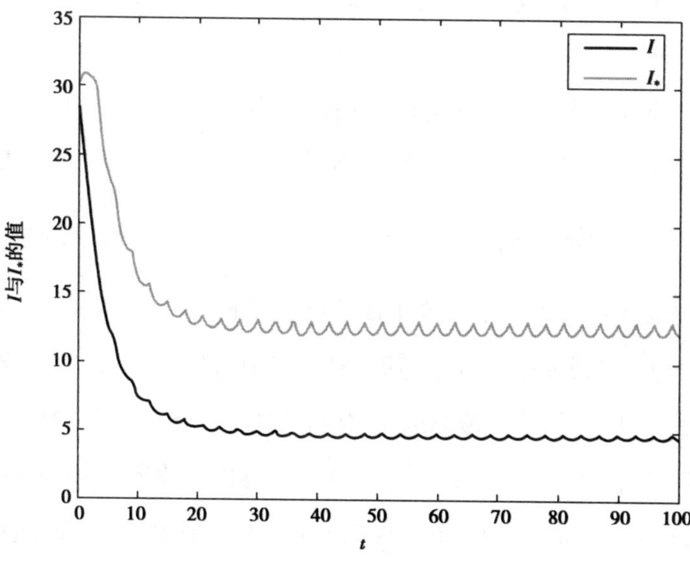

图 5.9　$\Re_0>1$ 时,I_* 和 I 的动力学性质的对比

5.3 本章小结

在传统的 SIRS 模型上考虑脉冲免疫和饱和效应,一个新的数学模型已被引入.对这个模型的综合分析揭示了它的动力学性质.基于不同的模型参数对基本再生数 BRR 的影响的分析,给出了控制计算机病毒传播的一些措施.

6 脉冲解毒对网络病毒传播的影响

通信网络的流行一方面给人们的日常工作和生活带来了极大的方便,另一方面也给网络病毒的传播提供了方便. 过去几十年里,网络病毒的大规模暴发曾造成巨大的经济损失. 为了有效控制病毒的扩散,必须寻找恰当的方法.

不像新的医疗过程,利用网络新的杀毒软件能被立即释放并在运行后很快见效,大多数染毒机立刻能被治愈[105]. 为理解脉冲解毒[91]和饱和效应怎样阻止病毒在网络上的传播,在本章中,建立了一个新的脉冲网络病毒传播模型. 我们得知,当 BRR(基本再生数)<1 时,无毒平衡点是全局渐近稳定的;当 BRR>1 时,系统是一致持续的;当 BRR=1 时,一个超临界分叉发生. 最后,考虑不同的模型参数在 BRR 上的影响,我们提出了一些清除病毒的可行战略. 理论上的预测和数值例子都展示了脉冲解毒能有效地控制病毒扩散. 然而在现有的文献中,几乎没有网络病毒传播模型考虑脉冲解毒和饱和效应的联合影响.

6.1 问题描述

在本章中,将形成一个带有脉冲解毒和饱和效应的网络病毒传播模型. 如通常一样,将简单地认为每台计算机处于以下 3 种状态之一,即易感机、染毒机和安全机. 易感机和安全机都没有被感染,但易感机没有免疫性,安全机有临时免疫性. $S(t)$, $I(t)$ 和 $R(t)$ 表示易感机、染毒机和安全机在时间 t 的百分比,则 $S(t)+I(t)+R(t)\equiv 1$.

为了简化,本章不考虑易感机转变为安全机的情形.

基于上面的讨论,我们建立一个带有下面假设的数学模型:

假设 6.1　所有线下计算机均是易感机. 而且易感机以固定正速率 μ 上线,每台在线计算机也以固定正速率 μ 下线.

假设 6.2　受染毒机影响,每台在线易感机在时间 t 以速率 $\frac{\beta I(t)}{1+\alpha I(t)}$ 受到感染,其中,$\beta>0$,$\alpha>0$ 是正常数.

假设 6.3　受旧杀毒软件影响,每台染毒机在时间 t 以固定正速率 γ 变成安全机.

假设 6.4　受杀毒软件失效影响,每台安全机在时间 t 以固定正速率 δ 丢掉免疫性.

进一步地,以下假设被提出.

假设 6.5　最新杀毒软件在 $t=kT$ 时被散发,$k\in\mathbb{N}$,其中,$\mathbb{N}=\{1,2,3,\cdots\}$,$T>0$ 是一个常数.

假设 6.6　由于散发了最新杀毒软件,平均占比为 q 的染毒机在时刻 kT 变为安全机,其中,$0<q<1$ 且 q 是一个常数.

根据这些假设,可得一个新的网络病毒传播模型,能用脉冲微分方程表示

$$\begin{cases}\left.\begin{aligned}&\frac{\mathrm{d}S(t)}{\mathrm{d}t}=\mu-\frac{\beta S(t)I(t)}{1+\alpha I(t)}-\mu S(t)+\delta R(t),\\&\frac{\mathrm{d}I(t)}{\mathrm{d}t}=\frac{\beta S(t)I(t)}{1+\alpha I(t)}-(\mu+\gamma)I(t),\\&\frac{\mathrm{d}R(t)}{\mathrm{d}t}=\gamma I(t)-(\mu+\delta)R(t),\end{aligned}\right\}t\neq kT,\\\left.\begin{aligned}&S(t^+)=S(t),\\&I(t^+)=(1-q)I(t),\\&R(t^+)=R(t)+qI(t),\end{aligned}\right\}t=kT,\end{cases}\tag{6.1}$$

初值为 $(S(0^+),I(0^+),R(0^+))\in\{(S,I,R)\in R_+^3:S+I+R=1\}$.

因为 $S(t)+I(t)+R(t)\equiv 1$,系统(6.1)能转化为

$$\begin{cases}\left.\begin{aligned}&\frac{\mathrm{d}I(t)}{\mathrm{d}t}=\frac{\beta(1-I(t)-R(t))I(t)}{1+\alpha I(t)}-(\mu+\gamma)I(t),\\&\frac{\mathrm{d}R(t)}{\mathrm{d}t}=\gamma I(t)-(\mu+\delta)R(t),\end{aligned}\right\}t\neq kT,\\\left.\begin{aligned}&I(t^{+})=(1-q)I(t),\\&R(t^{+})=R(t)+qI(t),\end{aligned}\right\}t=kT,\end{cases}\tag{6.2}$$

初值$(S(0^{+}),I(0^{+}))\in\Omega$,其中

$$\Omega=\{(x,y)\in R_{+}^{2}:x+y\leqslant 1\}.$$

明显地,Ω 对系统(6.2)是正向不变的. 由文献[109]知,系统(6.2)存在唯一的分段连续的解.

最后给出以下两个定义.

定义 6.1　如果对系统(6.2)的每个解$(I(t),R(t))$,$I(0^{+})>0$,当 t 足够大时,存在 $m>0$ 使得 $I(t)\geqslant m$,那么就说系统(6.2)在 Ω 上是病毒持续的.

定义 6.2　如果存在常数 $c>0$(与初值无关),使得系统(6.2)的每个解$(I(t),R(t))$,初值$(I(0^{+}),R(0^{+}))\in\Omega$,满足

$$\min\{\liminf_{t\to\infty} I(t),\liminf_{t\to\infty} R(t)\}\geqslant c.$$

那么就说系统(6.2)在 Ω 上是一致持续的.

6.2　一个脉冲网络病毒模型的一些结论

6.2.1　无毒平衡点及稳定性

在本小节中,将证明在一定条件下,无毒平衡点存在且全局稳定.

首先,证明无毒平衡点存在,这时染毒机彻底消失,即 $I(t)\equiv 0,t\geqslant 0$. 在此情形下,安全机 $R(t)$的增长简化为

$$\begin{cases}\dfrac{\mathrm{d}R(t)}{\mathrm{d}t}=-(\mu+\delta)R(t),t\neq kT,k\in\mathbb{N},\\ R(t^{+})=R(t),t=kT,\end{cases}\tag{6.3}$$

解系统(6.3),得 $R(t)=R(0)\exp(-(\mu+\delta)t)$. 明显地,当 $t\geqslant 0$ 时,$R(t)\geqslant 0$,且$\lim\limits_{t\to+\infty}R(t)=0$. 因此有以下定理.

定理 6.1 系统(6.2)有一个唯一的无毒平衡点(0,0).

显然有以下定理.

定理 6.2 系统(6.1)有一个唯一的无毒平衡点(1,0,0).

下面探讨系统(6.2)的无毒平衡点的全局渐近稳定性,令

$$\mathfrak{R}_0=\frac{\beta T}{(\mu+\gamma)T-\ln(1-q)}.\tag{6.4}$$

定理 6.3 如果$\mathfrak{R}_0<1$,那么系统(6.2)的无毒平衡点(0,0)是局部渐近稳定的.

证明 在点(0,0)处线性化系统(6.2).

$$\begin{cases}\left.\begin{aligned}&\dfrac{\mathrm{d}x(t)}{\mathrm{d}t}=(\beta-\mu-\gamma)x(t),\\ &\dfrac{\mathrm{d}y(t)}{\mathrm{d}t}=\gamma x(t)-(\mu+\delta)y(t),\end{aligned}\right\}t\neq kT,\\ \left.\begin{aligned}&x(t^{+})=(1-q)x(t),\\ &y(t^{+})=qx(t)+y(t),\end{aligned}\right\}t=kT,\end{cases}\tag{6.5}$$

令

$$A(t)=\begin{pmatrix}\beta-\mu-\gamma & 0\\ \gamma & -\mu-\delta\end{pmatrix}.\qquad B=\begin{pmatrix}1-q & 0\\ q & 1\end{pmatrix}.$$

得线性化方程的 monodromy 矩阵 M:

$$M=B\exp\left(\int_0^T A(t)\,\mathrm{d}t\right)=\begin{pmatrix}(1-q)\exp((\beta-\mu-\gamma)T) & 0\\ * & \exp(-(\mu+\delta)T)\end{pmatrix},$$

这里没必要计算(*)的准确值. (M)的特征值 λ_1,λ_2 如下:

$$\lambda_1=\exp(-(\mu+\delta)T)<1,\lambda_2=(1-q)\exp((\beta-\mu-\gamma)T),$$

若$\mathfrak{R}_0<1$,则 $\lambda_2<1$. 根据 Floquet 理论[111],容易得到:如果$\mathfrak{R}_0<1$,那么(0,0)是局部渐近稳定的. 证毕.

为证明本节的主要定理,先证明一个引理.

引理 6.1　考虑下面的脉冲微分方程:

$$\begin{cases}\dfrac{\mathrm{d}g(t)}{\mathrm{d}t}=\gamma m-(\mu+\delta)g(t),t\neq kT,k\in\mathbb{N},\\ g(t^+)=g(t)+qm,t=kT,\end{cases}\tag{6.6}$$

其中,m 是一个正数. 那么存在系统(6.6)的一个唯一的正周期解

$$\bar{g}(t)=\frac{\gamma m}{\mu+\delta}+\frac{qm\exp(-(\mu+\delta)(t-kT))}{1-\exp(-(\mu+\delta)T)},kT<t\leqslant(k+1)T,\tag{6.7}$$

是全局渐近稳定的.

证明　解系统(6.6)的第一个方程,那么

$$g(t)=\frac{\gamma m}{\mu+\delta}+\left(g(kT^+)-\frac{\gamma m}{\mu+\delta}\right)\exp(-(\mu+\delta)(t-kT)),kT<t\leqslant(k+1)T.\tag{6.8}$$

令 $g_k=g(kT^+)$,得系统(6.6)的频闪映射 F 如下

$$g_{k+1}=F(g_k)=qm+\frac{\gamma m}{\mu+\delta}+\left(g_k-\frac{\gamma m}{\mu+\delta}\right)\exp(-(\mu+\delta)T).\tag{6.9}$$

明显地,映射 F 仅有一个(正的)固定点

$$g_*=\frac{\gamma m}{\mu+\delta}+\frac{qm}{1-\exp(-(\mu+\delta)T)},$$

暗示 $\bar{g}(t)$ 是系统(6.6)的唯一 T-周期解. 由于

$$g_k-g_*=\exp(-(\mu+\delta)T)(g_{k-1}-g_*)=\exp(-k(\mu+\delta)T)(g_0-g_*),$$

g_* 对方程(6.9)是全局渐近稳定的. $\bar{g}(t)$ 的全局渐近稳定性无疑也成立. 证毕.

定理 6.4　如果$\mathfrak{R}_0<1$,那么系统(6.2)的无毒平衡点(0,0)是全局渐近稳定的.

证明　设$(I(t),R(t))$是系统(6.2)的一个解. 由定理(6.3)知,只要证明

$$\lim_{t\to+\infty}I(t)=0,\lim_{t\to+\infty}R(t)=0,$$

即可. $\Re_0<1$ 能被改写成

$$(1-q)\exp((\beta-\mu-\gamma)T)<1,$$

令 $\sigma=(1-q)\exp((\beta-\mu-\gamma)T)$,那么$\Re_0<1$ 等价于 $\sigma<1$.

由系统(6.2),有

$$\begin{cases}\dfrac{\mathrm{d}I(t)}{\mathrm{d}t}\leqslant(\beta-\mu-\gamma)I(t),t\neq kT,k\in\mathbb{N},\\ I(t^+)=(1-q)I(t),t=kT,\end{cases}\tag{6.10}$$

考虑比较系统

$$\begin{cases}\dfrac{\mathrm{d}v(t)}{\mathrm{d}t}=(\beta-\mu-\gamma)v(t),t\neq kT,k\in\mathbb{N},\\ v(t^+)=(1-q)v(t),t=kT,\end{cases}\tag{6.11}$$

如果初值 $v(0^+)=I(0^+)$. 那么,$v(T^+)=I(0^+)\sigma$,$v(nT^+)=I(0^+)\sigma^n$,暗示 $\lim\limits_{n\to\infty}v(nT^+)=0$. 进而,如果 $nT<t\leqslant(n+1)T$,那么

$$v(t)=v(nT^+)\exp\left(\int_{nT}^{t}\left(\beta-\mu-\gamma+\frac{1}{T}\ln(1-q)\right)\mathrm{d}t\right)\leqslant v(nT^+),$$

暗示$\lim\limits_{t\to+\infty}v(t)=0$. 由脉冲微分方程的比较定理[109],可得$\lim\limits_{t\to+\infty}I(t)=0$. 故有 $T_1>0$,使得 $t\geqslant T_1$ 时,$I(t)<\varepsilon$. 把这个方程代入系统(6.2),有

$$\begin{cases}\dfrac{\mathrm{d}R(t)}{\mathrm{d}t}\leqslant\gamma\varepsilon-(\mu+\delta)R(t),t\neq kT,t\geqslant T_1,\\ R(t^+)\leqslant R(t)+q\varepsilon,t=kT,t\geqslant T_1,\end{cases}\tag{6.12}$$

令 $N_1=\left[\dfrac{T_1}{T}\right]$,考虑比较系统:

$$\begin{cases}\dfrac{\mathrm{d}w(t)}{\mathrm{d}t}=\gamma\varepsilon-(\mu+\delta)w(t),t\neq kT,t\geqslant T_1,\\ w(t^+)=w(t)+q\varepsilon,t=kT,t\geqslant T_1,\end{cases}\tag{6.13}$$

初值 $w(N_1T^+)=R(N_1T^+)$. 根据引理 6.1,它有一个全局稳定的周期解

$$\overline{w}(t)=\frac{\gamma\varepsilon}{\mu+\delta}+\frac{q\varepsilon\exp(-(\mu+\delta)(t-kT))}{1-\exp(-(\mu+\delta)T)},kT<t\leqslant(k+1)T,k>N_1.$$

由比较定理[109]知,存在 $T_2>T_1$ 使得

$$R(t)\leqslant w(t)<\overline{w}(t)+\varepsilon,t\geqslant T_2.$$

考虑 ε 的任意性,$R(t)\geqslant 0$,且注意$\lim\limits_{\varepsilon\to 0^+}\overline{w}(t)=0$,得$\lim\limits_{t\to+\infty}R(t)=0$. 证毕.

由定理6.4可得以下定理.

定理6.5 如果$\mathfrak{R}_0<1$,那么系统(6.1)的无毒平衡点(1,0,0)是全局渐近稳定的.

6.2.2 病毒持续

下面研究系统(6.2)和系统(6.1)的一致持续性.

定理6.6 如果$\mathfrak{R}_0>1$ 且 t 足够大时,那么存在正数 m_3,使得系统(6.2)的任何正解满足 $I(t)\geqslant m_3$,即系统(6.2)是病毒持续的.

证明 由于$\mathfrak{R}_0>1$,则存在 $m_1(0<m_1<1)$、足够小的 $\varepsilon>0$,使得

$$\sigma=(1-q)\exp\left\{\int_0^T\left[\frac{\beta}{1+\alpha m_1}(1-m_1-\overline{u}(t)-\varepsilon)-\mu-\gamma\right]\mathrm{d}t\right\}>1,$$

至于 $\overline{u}(t)$,可看系统(6.16).

我们断言:任意 $t_0>0$,对所有 $t\geqslant t_0$,都有 $I(t)<m_1$ 是不可能的.假设不是这样,则存在 $t_0>0$,使得对所有 $t\geqslant t_0$,都有 $I(t)<m_1$.那么有

$$\begin{cases}\dfrac{\mathrm{d}R(t)}{\mathrm{d}t}\leqslant\gamma m_1-(\mu+\delta)R(t),t\neq kT,t\geqslant t_0,\\ R(t^+)\leqslant R(t)+qm_1,t=kT,t\geqslant t_0,\end{cases}\tag{6.14}$$

考虑比较系统

$$\begin{cases}\dfrac{\mathrm{d}u(t)}{\mathrm{d}t}=\gamma m_1-(\mu+\delta)u(t),t\neq kT,t\geqslant t_0,\\ u(t^+)=u(t)+qm_1,t=kT,t\geqslant t_0,\end{cases}\tag{6.15}$$

初值 $u(0^+)=R(0^+)$. 由引理6.1知,它有一个全局稳定的周期解

$$\bar{u}(t)=\frac{\gamma m_1}{\mu+\delta}+\frac{q m_1\exp(-(\mu+\delta)(t-kT))}{1-\exp(-(\mu+\delta)T)},kT<t\leqslant(k+1)T,t\geqslant t_0. \tag{6.16}$$

根据比较定理[109]，存在 $t_1\geqslant t_0$ 使得

$$R(t)\leqslant u(t)<\bar{u}(t)+\varepsilon,t\geqslant t_1. \tag{6.17}$$

代入系统(6.2)，可得

$$\begin{cases}\dfrac{\mathrm{d}I(t)}{\mathrm{d}t}\leqslant\left(\dfrac{\beta}{1+\alpha m_1}(1-m_1-\bar{u}(t)-\varepsilon)-\mu-\gamma\right)I(t),t\neq kT,t\geqslant t_1,\\ I(t^+)=(1-q)I(t),t=kT,t\geqslant t_1,\end{cases} \tag{6.18}$$

令 $N_2=\left[\dfrac{t_1}{T}\right]$，在$(kT,(k+1)T]$上，把第一个方程代入系统(6.18)，$k\geqslant N_2$，并注意到 $I(kT^+)=(1-q)I(kT)$，得

$$\begin{aligned}I((k+1)T)&\geqslant I(kT)(1-q)\exp\left\{\int_{kT}^{(k+1)T}\left[\frac{\beta}{1+\alpha m_1}(1-m_1-\bar{u}(t)-\varepsilon)-\right.\right.\\&\qquad\left.\left.\mu-\gamma\right]\mathrm{d}t\right\}\\&=I(kT)\sigma.\end{aligned}$$

因此，当 $k\geqslant N_2$ 时，$I(kT)\geqslant I(N_2T)\sigma^{k-N_2}$. 注意到 $I(N_2T)>0$，有 $\lim\limits_{k\to+\infty}I(kT)=+\infty$，与 $I(t)\leqslant 1$ 矛盾. 因此，存在 $t_2>t_1$，使得 $I(t_2)\geqslant m_1$.

假如 $I(t)\geqslant m_1$ 对所有 $t\geqslant t_2$，则断言已经被证明. 现在，假设某个 $t>t_2$，$I(t)<m_1$. 设

$$t_3=\inf_{t>t_2}\{t:I(t)<m_1\}.$$

这里有两种情形.

情形 1　$t_3=kT$，不失一般性，令 $t_3=K_1T$（K_1 是一个正整数）. 那么，当 $t\in[t_2,t_3)$时，$I(t)\geqslant m_1$，且 $I(t)$是连续的，因此有 $I(t_3)=m_1$ 且 $I(t_3^+)=(1-q)I(t_3)<m_1$. 由归纳可知，我们断言存在 $t_4\in(K_1T,(K_1+1)T]$，使得 $I(t_4)\geqslant m_1$，否则，当 $t\in(K_1T,(K_1+1)T]$时，$I(t)<m_1$，显然(6.17)和(6.18)在此区间成立. 因此，得 $I((K_1+1)T)\geqslant I(K_1T)\sigma>m_1$，这是一个矛盾. 设

$$t_4=\inf_{t>t_3}\{t:I(t)\geqslant m_1\}.$$

那么 $t_4\in(K_1T,(K_1+1)T]$，$I(t_4)=m_1$，且当 $t\in(t_3,t_4)$ 时，$I(t)<m_1$.

根据系统(6.2)的第一个方程和第三个方程，有

$$\begin{cases}\dfrac{\mathrm{d}I(t)}{\mathrm{d}t}\geqslant-\left(\dfrac{\beta m_1}{1+\alpha m_1}+\mu+\gamma\right)I(t),t\neq kT,t_3<t\leqslant t_4,\\ I(t^+)=(1-q)I(t),t=kT,\end{cases}\tag{6.19}$$

逐个积分第一组不等式，并逐个代入第二组等式，对所有 $t_3<t<t_4$，得，

$$\begin{aligned}I(t)&\geqslant I(t_3)(1-q)\exp\left(-\left(\frac{\beta m_1}{1+\alpha m_1}+\mu+\gamma\right)(t-t_3)\right)\\&\geqslant m_1(1-q)\exp\left(-\left(\frac{\beta m_1}{1+\alpha m_1}+\mu+\gamma\right)T\right)=m_2.\end{aligned}$$

重复前面讨论的、相似的过程，得 $I(t)\geqslant m_2$ 对所有 $t>t_3$.

情形 2 $t_3\neq kT$. 那么，当 $t\in[t_2,t_3)$ 时，$I(t)\geqslant m_1$ 且 $I(t)$ 是连续的，$I(t_3)=m_1$. 现在，不失一般性，猜测 $t_3\in(K_2T,(K_2+1)T]$ （K_2 是一个正整数），设

$$K_3=\frac{\left(\dfrac{\beta m_1}{1+\alpha m_1}+\mu+\gamma\right)T}{\ln\sigma}+1.$$

由归纳可知，断言存在 $t_5\in(t_4,(K_2+K_3+1)T]$，使得 $I(t_5)\geqslant m_1$，否则，当 $t\in(t_4,(K_2+K_3+1)T]$ 时，$I(t)<m_1$，显然(6.17)和(6.18)在此区间成立，因此有

$$\begin{aligned}I((K_2+K_3+1)T)&\geqslant I((K_2+1)T)\sigma^{K_3}\\&\geqslant I(t_3)\exp\left(-\left(\frac{\beta m_1}{1+\alpha m_1}+\mu+\gamma\right)T\right)\\&\quad\exp\left(\left(\frac{\beta m_1}{1+\alpha m_1}+\mu+\gamma\right)T\right)\\&=m_1.\end{aligned}$$

一个矛盾发生了，设

$$t_5=\inf_{t>t_3}\{t:I(t)\geqslant m_1\}.$$

则 $I(t_5)=m_1$，且当 $t\in(t_3,t_5)$ 时，$I(t)<m_1$. 根据(6.19)和前面的讨论得，对所有 $t_3<t<t_5$，

$$I(t)\geqslant I(t_3)(1-q)^{K_3}\exp\left(-(K_3+1)\left(\frac{\beta m_1}{1+\alpha m_1}+\mu+\gamma\right)T\right)=m_3.$$

再次重复相似的过程，得 $I(t)\geqslant m_3$，对所有 $t>t_3$. 显然 $m_2>m_3$.

根据上面的讨论，对所有 $t>t_3$，有 $I(t)\geqslant m_3$. 证毕.

由定理 6.6 可得以下推论.

推论 6.1 如果 $\mathfrak{R}_0>1$，那么系统(6.1)是病毒持续的.

定理 6.7 如果 $\mathfrak{R}_0>1$，那么系统(6.2)是一致持续的.

证明 根据系统(6.2)的第二个方程和第四个方程，可得

$$\begin{cases}\dfrac{\mathrm{d}R(t)}{\mathrm{d}t}\leqslant\gamma m_3-(\mu+\delta)R(t),t\neq kT,t\geqslant t_3,\\ R(t^+)\leqslant R(t)+qm_3,t=kT,t\geqslant t_3,\end{cases}\tag{6.20}$$

然后考虑比较系统

$$\begin{cases}\dfrac{\mathrm{d}h(t)}{\mathrm{d}t}=\gamma m_3-(\mu+\delta)h(t),t\neq kT,t\geqslant t_3,\\ h(t^+)=h(t)+qm_3,t=kT,t\geqslant t_3,\end{cases}\tag{6.21}$$

初值 $h(t_3)=R(t_3)$. 由引理 6.1 知，系统(6.21)存在唯一的正周期解

$$\bar{h}(t)=\frac{\gamma m_3}{\mu+\delta}+\frac{qm_3\exp(-(\mu+\delta)(t-kT))}{1-\exp(-(\mu+\delta)T)},kT<t\leqslant(k+1)T,t>t_3.$$

它是全局渐近稳定的.

根据比较定理[109]，存在 $t_6\geqslant t_3$，使得

$$R(t)\geqslant\bar{h}(t)-\varepsilon\geqslant\frac{\gamma m_3}{\mu+\delta}+\frac{qm_3\exp(-(\mu+\delta)T)}{1-\exp(-(\mu+\delta)T)}-\varepsilon=m_4,t\geqslant t_6.\tag{6.22}$$

令 $c=\min\{m_3,m_4\}$. 由定理 6.6 和上面的讨论知，系统(6.2)是一致持续的. 证毕.

作为推论 6.1 和定理 6.7 的一个直接结果,有

推论 6.2　如果$\mathfrak{R}_0>1$,且 t 足够大时,那么系统(6.1)的任何正解都满足 $I(t)\geqslant m_3,R(t)\geqslant m_4$.

根据系统(6.1)的第一个方程和第四个方程,以及推论 6.2,有$\dfrac{\mathrm{d}S(t)}{\mathrm{d}t}>\mu+\delta m_4-(\mu+\beta)S(t),t\geqslant t_6$,进一步,得$\lim\limits_{t\to\infty}S(t)\geqslant\dfrac{\mu+\delta m_4}{\mu+\beta}$. 对足够小的 $\varepsilon_3>0$,设 $m_5=\dfrac{\mu+\delta m_4}{\mu+\beta}-\varepsilon_3>0$,存在 $t'>t_6$,使得当 $t>t'$时,$S(t)>m_5$.

联合推论 6.2 和上面的讨论可得以下定理.

定理 6.8　如果$\mathfrak{R}_0>1$,那么系统(6.1)是一致持续的.

6.2.3　分岔分析

现在,利用脉冲分岔理论[112]研究病毒周期解的存在. 先叙述它.

考虑系统

$$\begin{cases}\left.\begin{aligned}\frac{\mathrm{d}x_1(t)}{\mathrm{d}t}&=f_1(x_1(t),x_2(t)),\\ \frac{\mathrm{d}x_2(t)}{\mathrm{d}t}&=f_2(x_1(t),x_2(t)),\end{aligned}\right\}t\neq kT,\\ \left.\begin{aligned}x_1(t^+)&=\theta_1(x_1(t),x_2(t)),\\ x_2(t^+)&=\theta_2(x_1(t),x_2(t)),\end{aligned}\right\}t=kT,\end{cases}\tag{6.23}$$

其中,f_1,f_2,θ_1 和 θ_2 是足够光滑的,$f_2(x_1(t),0)\equiv\theta_2(x_1(t),0)\equiv0$. 设

$$\begin{cases}\dfrac{\mathrm{d}x_1(t)}{\mathrm{d}t}=g(x_1(t))=f_1(x_1(t),0),t\neq kT,\\ x_1(t^+)=\theta(x_1(t))=\theta_1(x_1(t),0),t=kT,\end{cases}\tag{6.24}$$

有一个稳定的 T-周期解 $x_e(t)$. 因此,$\zeta(t)=(x_e(t),0)^{\mathrm{T}}$ 是系统(6.23)的一个平凡周期解. 我们将用分岔理论[112]讨论系统(6.2)有毒周期解的存在. 设 $\Phi(t)=$

$(\phi_1(t),\phi_2(t))$ 是系统(6.23)的关联流形. 得 $X(t)=(x_1(t),x_2(t))^{\mathrm{T}}=\Phi(t,X_0)$, $0<t\leqslant T$, 这里 $X_0=X(0)$.

列出下列概念[112]:

$$d_0=1-\left(\frac{\partial\theta_2}{\partial x_2}\frac{\partial\phi_2}{\partial x_2}\right)_{(T,x_0)},$$

$$a_0=1-\left(\frac{\partial\theta_1}{\partial x_1}\frac{\partial\phi_1}{\partial x_1}\right)_{(T,x_0)},$$

$$b_0=-\left(\frac{\partial\theta_1}{\partial x_1}\frac{\partial\phi_1}{\partial x_2}+\frac{\partial\theta_1}{\partial x_2}\frac{\partial\phi_2}{\partial x_2}\right)_{(T,x_0)},$$

$$\frac{\partial\phi_1(T,x_0)}{\partial t}=\frac{\mathrm{d}x_e(T)}{\mathrm{d}t},$$

$$\frac{\partial\phi_1(T,x_0)}{\partial x_1}=\exp\left(\int_0^T\frac{\partial f_1(\zeta(r))}{\partial x_1}\mathrm{d}r\right),$$

$$\frac{\partial\phi_2(T,x_0)}{\partial x_2}=\exp\left(\int_0^T\frac{\partial f_2(\zeta(r))}{\partial x_2}\mathrm{d}r\right),$$

$$\frac{\partial\phi_1(T,x_0)}{\partial x_2}=\int_0^T\exp\left(\int_u^T\frac{\partial f_1(\zeta(r))}{\partial x_1}\mathrm{d}r\right)\left(\frac{\partial f_1(\zeta(u))}{\partial x_2}\right)\times$$
$$\exp\left(\int_0^u\frac{\partial f_2(\zeta(r))}{\partial x_2}\mathrm{d}r\right)\mathrm{d}u,$$

$$\frac{\partial^2\phi_2(T,x_0)}{\partial x_1\partial x_2}=\int_0^T\exp\left(\int_u^T\frac{\partial f_2(\zeta(r))}{\partial x_2}\mathrm{d}r\right)\left(\frac{\partial^2 f_2(\zeta(u))}{\partial x_1\partial x_2}\right)\times$$
$$\exp\left(\int_0^u\frac{\partial f_2(\zeta(r))}{\partial x_2}\mathrm{d}r\right)\mathrm{d}u,$$

$$\frac{\partial^2\phi_2(T,x_0)}{\partial x_2^2}=\int_0^T\exp\left(\int_u^T\frac{\partial f_2(\zeta(r))}{\partial x_2}\mathrm{d}r\right)\left(\frac{\partial^2 f_2(\zeta(u))}{\partial x_2^2}\right)\times$$
$$\exp\left(\int_0^u\frac{\partial f_2(\zeta(r))}{\partial x_2}\mathrm{d}r\right)\mathrm{d}u+\int_0^T\left\{\exp\left(\int_u^T\frac{\partial f_2(\zeta(r))}{\partial x_2}\mathrm{d}r\right)\times\right.$$
$$\left.\left(\frac{\partial^2 f_2(\zeta(u))}{\partial x_1\partial x_2}\right)\right\}\left\{\int_0^u\exp\left(\int_p^u\frac{\partial f_1(\zeta(r))}{\partial x_1}\mathrm{d}r\right)\times\right.$$

$$\left(\frac{\partial f_1(\zeta(p))}{\partial x_2}\right)\exp\left(\int_0^p \frac{\partial f_2(\zeta(r))}{\partial x_2}\mathrm{d}r\right)\mathrm{d}p\Bigg\}\mathrm{d}u,$$

$$\frac{\partial^2 \phi_2(T,x_0)}{\partial t\partial x_2}=\frac{\partial f_2(\zeta(T))}{\partial x_2}\exp\left(\int_0^T \frac{\partial f_2(\zeta(r))}{\partial x_2}\mathrm{d}r\right),$$

$$B=-\frac{\partial^2\theta_2}{\partial x_1\partial x_2}\left(\frac{\partial\phi_1(T,x_0)}{\partial t}+\frac{\partial\phi_1(T,x_0)}{\partial x_1}\frac{1}{a_0}\frac{\partial\theta_1}{\partial x_1}\frac{\partial\phi_1(T,x_0)}{\partial t}\right)\frac{\partial\phi_2(T,x_0)}{\partial x_2}-$$

$$\frac{\partial\theta_2}{\partial x_2}\left(\frac{\partial^2\phi_2(T,x_0)}{\partial t\partial x_2}+\frac{\partial^2\phi_2(T,x_0)}{\partial x_1\partial x_2}\frac{1}{a_0}\frac{\partial\theta_1}{\partial x_1}\frac{\partial\phi_1(T,x_0)}{\partial t}\right),$$

$$C=-2\frac{\partial^2\theta_2}{\partial x_1\partial x_2}\left(-\frac{b_0}{a_0}\frac{\partial\phi_1(T,x_0)}{\partial x_1}+\frac{\partial\phi_1(T,x_0)}{\partial x_2}\right)\frac{\partial\phi_2(T,x_0)}{\partial x_2}-$$

$$\frac{\partial^2\theta_2}{\partial x_2^2}\left(\frac{\partial\phi_2(T,x_0)}{\partial x_2}\right)^2+2\frac{\partial\theta_2}{\partial x_2}\frac{b_0}{a_0}\frac{\partial^2\phi_2(T,x_0)}{\partial x_1\partial x_2}-\frac{\partial\theta_2}{\partial x_2}\frac{\partial^2\phi_2(T,x_0)}{\partial x_2^2},$$

下面,从文献[112]不加证明地引用一个重要的结果,它对定理 6.9 的证明是必不可少的.

引理 6.2　考虑系统(6.23),$0<a_0<2$.

(ⅰ)若 $BC<0$,当 $d_0=0$ 时,一个超临界分岔发生.

(ⅱ)若 $BC>0$,当 $d_0=0$ 时,一个亚临界分岔发生.

(ⅲ)若 $BC=0$,为一个不确定的情形.

定理 6.9　当$\mathfrak{R}_0=1$ 时,系统(6.2),一个超临界分岔发生.当$\mathfrak{R}_0$逐渐增大经过 1 时,系统(6.2)的无毒平衡点消失,同时出现一个稳定的有毒周期解.

证明　考虑系统(6.2),把 $R(t)$,$I(t)$ 分别换成$(x_1(t),x_2(t))$,则

$$f_1(x_1(t),x_2(t))=\gamma x_2(t)-(\mu+\delta)x_1(t),$$

$$f_2(x_1(t),x_2(t))=\frac{\beta(1-x_1(t)-x_2(t))x_2(t)}{1+\alpha x_2(t)}-(\mu+\gamma)x_2(t),$$

$$\theta_1(x_1(t),x_2(t))=x_1(t)+qx_2(t),$$

$$\theta_2(x_1(t),x_2(t))=(1-q)x_2(t),$$

$$\zeta(t)=(x_e(t),0)^{\mathrm{T}}=(0,0)^{\mathrm{T}},$$

这里的 $x_e(t)=0$ 被看作系统(6.24)的一个平凡周期解.

直接计算可得

$$d_0=1-(1-q)\exp[(\beta-\mu-\gamma)T],a_0=1-\exp(-(\mu+\gamma)T)>0,$$

$$b_0<0,\frac{\partial\phi_1(T,x_0)}{\partial t}=\frac{\mathrm{d}x_e(T)}{\mathrm{d}t}=0,\frac{\partial\phi_1(T,x_0)}{\partial x_1}>0,\frac{\partial\phi_2(T,x_0)}{\partial x_2}>0,$$

$$\frac{\partial\phi_1(T,x_0)}{\partial x_2}>0,\frac{\partial^2\phi_2(T,x_0)}{\partial x_1\partial x_2}<0,\frac{\partial^2\phi_2(T,x_0)}{\partial x_2^2}<0,$$

$$\frac{\partial^2\phi_2(T,x_0)}{\partial t\partial x_2}=(\beta-\mu-\gamma)\exp[(\beta-\mu-\gamma)T].$$

由

$$\frac{\partial\theta_1}{\partial x_1}=1,\frac{\partial\theta_2}{\partial x_2}=(1-q),\frac{\partial^2\theta_2}{\partial x_1\partial x_2}=0,\frac{\partial^2\theta_2}{\partial x_2^2}=0,$$

得

$$B=-(1-q)(\beta-\mu-\gamma)\exp[(\beta-\mu-\gamma)T],$$

$$C=-2(1-q)\frac{b_0}{a_0}\beta T\exp[(\beta-\mu-\gamma)T]-(1-q)\frac{\partial^2\phi_2(T,x_0)}{\partial x_2^2}>0.$$

$\Re_0=1$ 暗示 $d_0=0$ 且 $\beta-\mu-\gamma>0$,故 $B<0$,因此 $BC<0$. 显然 $0<a_0<2$. 所以,由引理6.2 可得结论. 证毕.

6.2.4　进一步讨论

根据前面的讨论,为了清除网络病毒,应采取一些实际的、有效的措施把$\Re_0$降到 1 以下. 为此,下面研究模型参数改变时对$\Re_0$的影响.

定理 6.10　当μ,γ 和 q 增加时,$\Re_0$下降,当β 和 T 增加时,$\Re_0$增加.

由(6.4)容易得到这个结果.

注记 6.1　在现实中,β,μ 和 γ 能被看作常数,而 T 和 q 容易控制. 考虑以下两种情形:

情形 1　$\beta<\mu+\gamma$. 则由(6.4)得$\Re_0<1$,此时,没有脉冲解毒,计算机病毒也能

被清除.

情形 2 $\beta \geqslant \mu+\gamma$. 根据(6.4),若

$$\frac{1}{T}\ln\frac{1}{1-q}>\beta-(\mu+\gamma), \tag{6.25}$$

有$\Re_0<1$. 因此在这种情形下,为了清除网络病毒,必须控制 T 和 q 以满足不等式(6.25).

注记 6.2 注意到 δ 和 α 不在(6.4)中,而我们知道他们对计算机病毒的传播有重要影响. 应该说这是模型的一个缺陷,在今后的研究中要改进这个模型.

在前面分析的基础上,控制病毒流行的一些实际的、有效的措施被总结如下:

①加强杀毒软件的研究,缩短研发周期,可以减小 T、增加 q 和 γ.

②必须时常提醒人们安装杀毒软件,以便提升 q 和 γ.

③除非必要,使你的计算机离开网络,为了增加 μ,而减小 β.

6.3 几个数值例子

本节给出几个数值例子来验证本章理论分析的正确性.

【例 6.1】 考虑系统(6.1),$(\mu,\beta,\gamma,\delta,\alpha,q,T)=(0.09,0.08,0.06,0.15,0.05,0.2,3)$,计算得$\Re_0=0.3565<1$. 图 6.1 描绘了 3 个典型轨道.

【例 6.2】 系统(6.1),$(\mu,\beta,\gamma,\delta,\alpha,q,T)=(0.08,0.15,0.06,0.15,0.05,0.2,5)$,可算得$\Re_0=0.8124<1$. 图 6.2 展示了 3 个典型轨道.

从图 6.1 和图 6.2 可以看到系统(6.1)的状态正接近无毒平衡点,这符合理论预测. 换句话说,这种情形下的网络病毒将被清除.

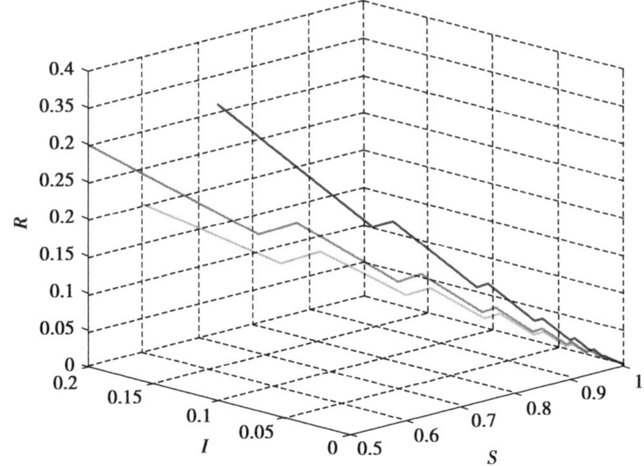

图 6.1　例 6.1 中的系统的相图

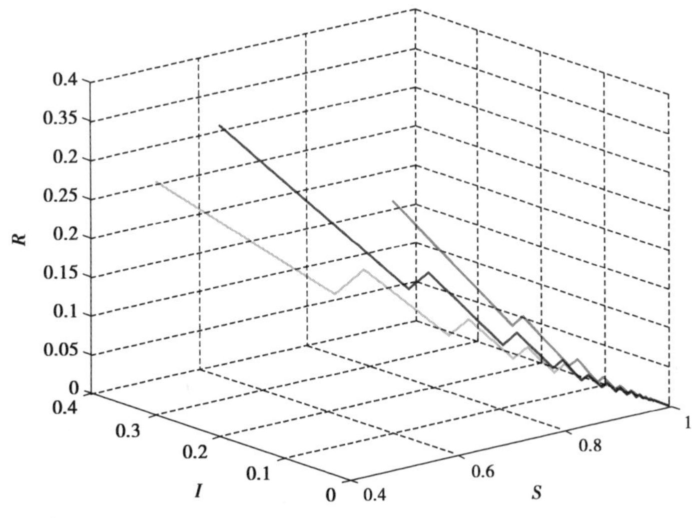

图 6.2　例 6.2 中的系统的相图

【例 6.3】　系统(6.1)，$(\mu,\beta,\gamma,\delta,\alpha,q,T)=(0.08,0.23,0.06,0.1,0.1,0.15,5)$，计算得$\mathfrak{R}_0=1.3333>1$. 图 6.3 至图 6.6 分别展示了 $S(t)$，$I(t)$ 和 $R(t)$ 的时间图以及系统(6.1)的相图，初值$(S(0),I(0),R(0))=(50,10,40)$. 不难看出它证实了理论预测. 换句话说，这种情形下的网络病毒不能被清除.

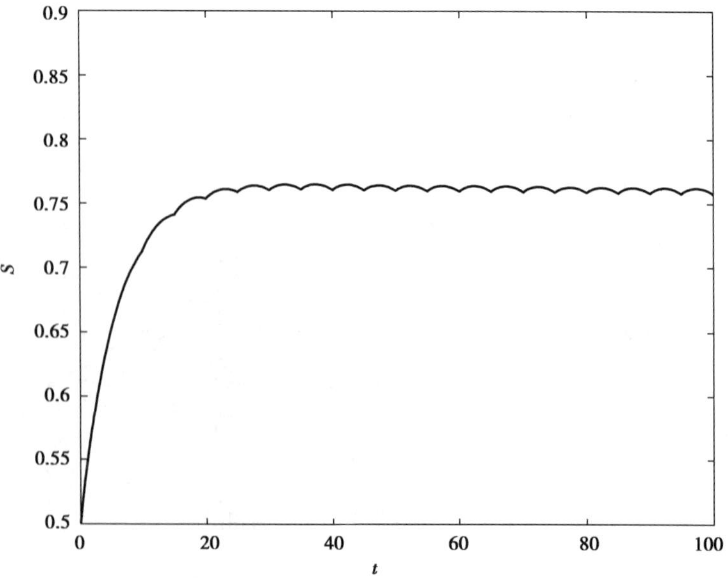

图 6.3　例 6.3 中 $S(t)$ 的时间图

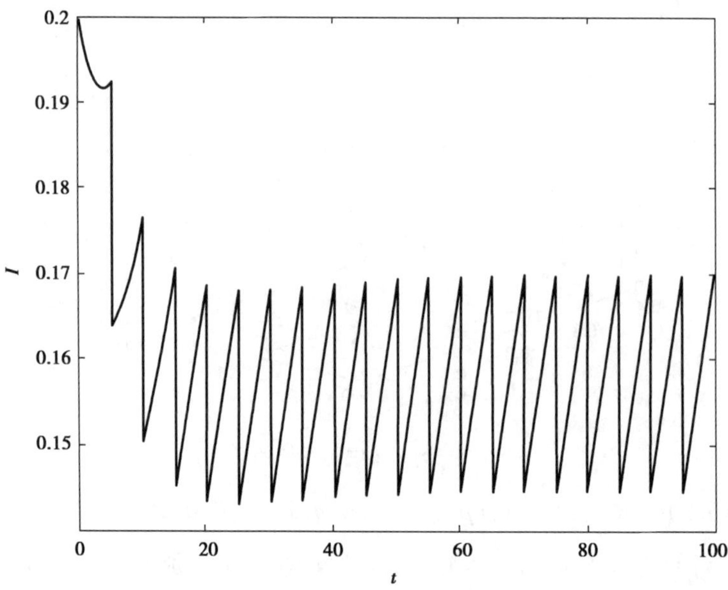

图 6.4　例 6.3 中 $I(t)$ 的时间图

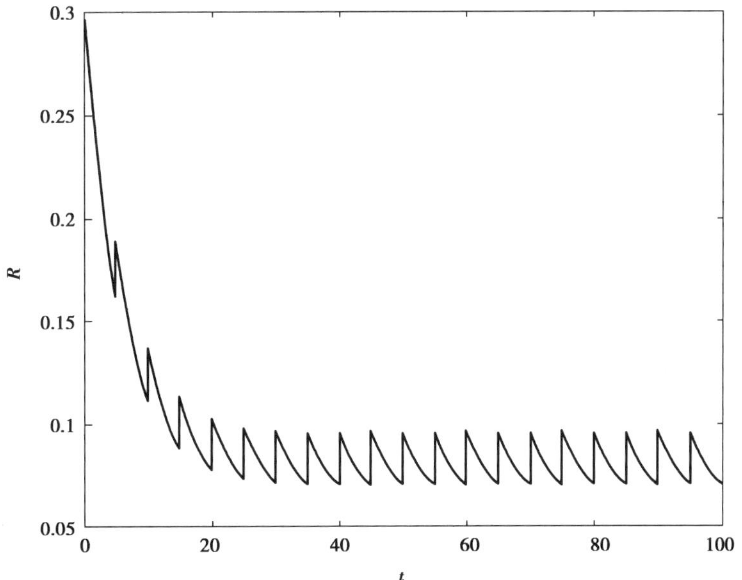

图 6.5　例 6.3 中 $R(t)$ 的时间图

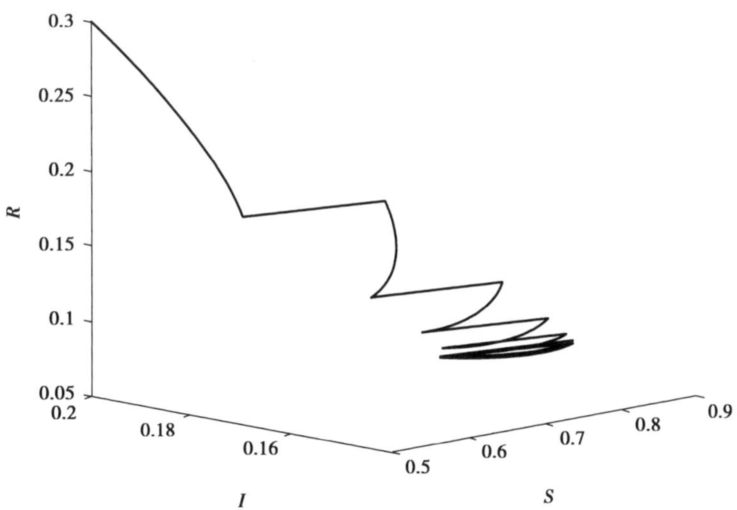

图 6.6　例 6.3 中的系统的相图

【例 6.4】　考虑系统(6.1)，$(\mu,\beta,\gamma,\delta,\alpha,q,T)=(0.06,0.28,0.04,0.12,0.05,0.15,10)$．则 $\mathfrak{R}_0=2.4086>1$．图 6.7 和图 6.8 展示了 $I(t)$ 的时间图和系统(6.1)的相图，初值 $(S(0),I(0),R(0))=(0.5,0.2,0.3)$，它与理论预测再次

一致. 事实上,这种情形下的病毒流行非常严重.

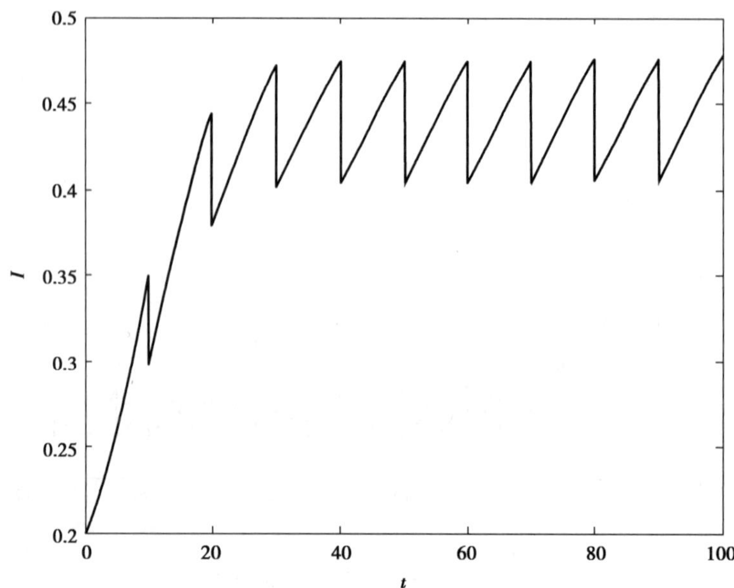

图 6.7　例 6.4 中 $I(t)$ 的时间图

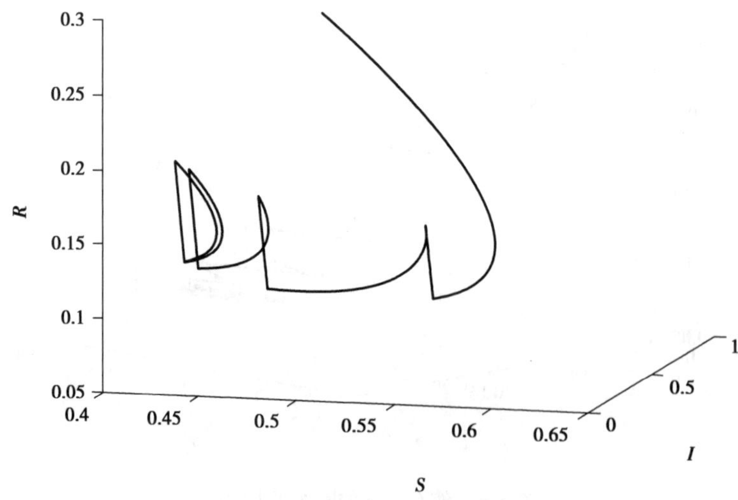

图 6.8　例 6.4 中系统的相图

容易发现在图 6.6 和图 6.8 中分别有极限环.

建立在许多数值例子的基础上,我们猜测:如果$\mathfrak{R}_0>1$,那么系统(6.1)有一个稳定的有毒周期解.

6.4　本章小结

在传统的SIRS模型上考虑脉冲解毒和饱和效应,已经建立了一个新的网络病毒传播模型.研究了这个模型的动力学性质,获得的结果也已被几个数值例子验证了.建立在模型参数改变时对基本再生数的影响的分析基础上,已经给出了控制网络病毒扩散的一些有效措施.

7 总结与展望

7.1 研究成果总结

本书主要总结了下列研究成果.

第一,研究状态相关的脉冲系统时,获得了比较系统的跳跃算子和系统状态的线性关系.在此基础上,证明了比较系统的稳定性保证了原系统同样的稳定性.进而得到研究的状态相关的脉冲 Cohen-Grossberg 神经网络分别在两种情形下的稳定性判据.

第二,在实际问题中,很多系统的脉冲不发生在固定时刻,因此状态相关的脉冲更具有实际意义;另一方面,切换系统在工程应用中也是非常重要的.本书同时考虑切换与状态相关的脉冲,因而模型更具一般性,适应范围更广.据我们所知,在现有文献里,还没有这方面的研究成果,因此,这是第一个状态相关的脉冲切换神经网络模型.本书进一步研究了它的全局稳定性问题,分别得到了状态相关的脉冲切换 Hopfield 神经网络的稳定性判据和状态相关的脉冲切换 Cohen-Grossberg 神经网络的稳定性判据.

第三,类似于人类疾病的免疫,可以对网络计算机进行特定病毒的免疫.就是利用网络散发补丁.由于人类普遍存在的心理作用,饱和效应在现实生活中是真实存在的.脉冲解毒也是利用网络快速散发杀毒软件.因此,在传统的 SIRS 模型上考虑脉冲免疫、脉冲解毒和饱和效应,具有现实意义.然而这类模型还没有引起学界的重视,这应该是第一个考虑脉冲免疫(解毒)和饱和效应联合影响的计算机病毒的传播模型.研究表明,该模型的动力学性质与基本再生数有关,据此给出控制网络病毒传播的一些建议.

7.2 未来工作展望

前几年,AlphaGo 击败许多人类围棋顶尖高手,再次点燃人们对神经网络的激情,神经网络的应用值得期待.

本书只是研究了几类脉冲神经网络的稳定性分析及脉冲在网络病毒传播中的应用,由于著者水平有限,书中难免存在不足和疏漏之处,期待抛砖引玉.

无论是脉冲神经网络领域,还是网络病毒传播动力学领域,都有许多待研究的课题.展望未来,著者从实际出发,拟在今后一段时间内,选择以下内容作为研究重点:

第一,本文对转移映射 $W_i(x)$ 范数的估计是非常保守的,这将导致稳定性条件有些保守(虽然和同类成果相比,著者的条件不那么保守),期望在未来的研究中改进这些不足,也希望把 B-等价法推广到更一般的脉冲系统.

第二,为了便于分析,在神经网络模型中没有考虑神经元之间信息传输所带来的时间延迟.然而,理论和实践都证实了,时滞是不可避免的,并且时滞对神经网络的稳定性会产生影响.这说明了建模的不精确性.在今后的研究中,将在状态相关的脉冲神经网络中考虑时滞效应.这本身的难度估计有些大,热切期望有兴趣的学者投入这一领域,以使得这一问题早日获得突破.

第三,脉冲免疫(解毒)控制网络病毒传播可以说比较有效,下一步将在带时滞的网络病毒传播模型中考虑它,并研究它对网络病毒在不同的网络结构里传播的影响.而且,网络病毒感染具有爆发性,这是典型的脉冲现象,著者也将尝试研究脉冲感染这一全新领域.

参考文献

[1] ZHANG H, CHEN L S, GEORGESCU P. Impulsive control strategies for pest management[J]. Journal of Biological Systems, 2007, 15(2): 235-260.

[2] ZHANG H, XU W J, CHEN L S. A impulsive infective transmission SI model for pest control[J]. Mathematical Methods in the Applied Sciences, 2007, 30(10): 1169-1184.

[3] ZHAO Z, CHEN L S, SONG X Y. Impulsive vaccination of SEIR epidemic model with time delay and nonlinear incidence rate[J]. Mathematics and Computers in Simulation, 2008, 79(3): 500-510.

[4] KORN R. Some applications of impulse control in mathematical finance[J]. Mathematical Methods of Operations Research, 1999, 50(3): 493-518.

[5] 杨櫓星. 网络病毒传播规律及控制策略研究[D]. 重庆:重庆大学,2015.

[6] GUAN Z H, LAM J, CHEN G R. On impulsive auto-associative neural networks[J]. Neural Networks, 2000, 13(1): 63-69.

[7] GUAN Z H, CHEN G R. On delayed impulsive Hopfield neural networks[J]. Neural Networks, 1999, 12(2): 273-280.

[8] LI C J, LI C D, LIAO X F, et al. Impulsive effects on stability of high-order BAM neural networks with time delays[J]. Neurocomputing, 2011, 74(10): 1541-1550.

[9] CHEN W H, LU X M, ZHENG W X. Impulsive stabilization and impulsive

synchronization of discrete-time delayed neural networks [J]. IEEE Transactions on Neural Networks and Learning Systems, 2015, 26 (4): 734-748.

[10] ZHANG Y. Stability of discrete-time Markovian jump delay systems with delayed impulses and partly unknown transition probabilities[J]. Nonlinear Dynamics, 2014, 75(1/2): 101-111.

[11] LI X, SONG S. Impulsive control for existence, uniqueness and global stability of periodic solutions of recurrent neural networks with discrete and continuously distributed delays[J]. IEEE Transactions on Neural Networks, 2013, 24(6): 868-877.

[12] RAKKIYAPPAN R, VELMURUGAN G, LI X D. Complete stability analysis of complex-valued neural networks with time delays and impulses[J]. Neural Processing Letters, 2015, 41(3): 435-468.

[13] YANG T. Impulsive control theory[M]. Berlin: Springer-Verlag, 2001.

[14] SAYLI M, YILMAZ E. Global robust asymptotic stability of variable-time impulsive BAM neural networks[J]. Neural Networks, 2014, 60: 67-73.

[15] SAYLI M, YILMAZ E. State-dependent impulsive Cohen-Grossberg neural networks with time-varying delays [J]. Neurocomputing, 2016, 171: 1375-1386.

[16] KAUL S, LAKSHMIKANTHAM V, LEELA S. Extremal solutions, comparison principle and stability criteria for impulsive differential equations with variable times [J]. Nonlinear Anal Theory Methods Appl. 1994, 22 (10): 1263-1270.

[17] LIU C, LI C D, LIAO X F. Variable-time impulses in BAM neural networks with delays[J]. Neurocomputing, 2011, 74(17): 3286-3295.

[18] AKHMET M. Principles of discontinuous dynamical systems[M]. New York:

Springer, 2010.

[19] LIBERZON D. Switching in systems and control [M]. Boston: Birkhäuser, 2003.

[20] LI C D, HUANG T W, FENG G, et al. Exponential stability of time-controlled switching systems with time delay [J]. Journal of the Franklin Institute, 2012, 349(1): 216-233.

[21] ZHAO S W, SUN J T. Controllability and observability for time-varying switched impulsive controlled systems[J]. Int. J. Robust Nonlinear Control, 2010, 20(12): 1313-1325.

[22] LI C D, FENG G, HUANG T W. On hybrid impulsive and switching neural networks[J]. IEEE Transactions on Systems, Man, and Cybernetics—Part B: Cybernetics, 2008, 38(6): 1549-1560.

[23] XU H L, TEO K L. Exponential stability with L_2-gain condition of nonlinear impulsive switched systems [J]. IEEE Transactions on Automatic Control, 2010, 55(10): 2429-2433.

[24] WANG Q, LIU X Z. Stability criteria of a class of nonlinear impulsive switching systems with time-varying delays[J]. J. Franklin Inst. 2012, 349(3): 1030-1047.

[25] LI C J, YU X H, LIU Z W, et al. Asynchronous impulsive containment control in switched multi-agent systems [J]. Information Sciences, 2016, 370/371:667-679.

[26] 蒋宗礼. 人工神经网络导论[M]. 北京:高等教育出版社, 2001.

[27] 袁曾任. 人工神经元网络及其应用[M]. 北京:清华大学出版社, 1999.

[28] 张立明. 人工神经网络的模型及其应用[M]. 上海:复旦大学出版社, 1993.

[29] HOPFIELD J J. Neural networks and physical systems with emergent

collective computational abilities[J]. Proc. Natl. Acad. Sci. 1982, 79(8): 2554-2558.

[30] BALDI P, HORNIK K. Neural networks and principal component analysis: Learning from examples without local minima[J]. Neural networks, 1989, 2(1): 53-58.

[31] BABA N. A new approach for finding the global minimum of error function of neural networks[J]. Neural networks, 1989, 2(5): 367-373.

[32] LIU B, HUANG L. Existence and exponential stability of periodic solutions for a class of Cohen-Grossberg neural networks with time-varying delays[J]. Chaos Solutions Fractals, 2007, 32(2): 617-627.

[33] LIU B W, HUANG L H. Existence and exponential stability of periodic solutions for a class of Cohen-Grossberg neural networks with time-varying delays[J]. Chaos Solutions Fractals, 2007,32(2):617-627.

[34] LI C, YANG S. Existence and attractivity of periodic solutions to non-autonomous Cohen-Grossberg neural networks with time delays[J]. Chaos Solutions Fractals, 2009, 41(3): 1235-1244.

[35] XIANG H, CAO J. Exponential stability of periodic solution to Cohen-Grossberg-type BAM neural networks with time-varying delays[J]. Neurocomputing, 2009, 72(7/8/9): 1702-1711.

[36] HOPFIELD J J. Neurons with graded response have collective computational properties like those of two-state neurons[J]. Proc. Natl. Acad. Sci., USA Biophys, 1984, 81(10): 3088-3092.

[37] COHEN M A, GROSSBERG S. Absolute stability of global pattern formation and parallel memory storage by competitive neural networks[J]. Adv Psychol,1987,42:288-308.

[38] YANG X F, LIAO X F, LI C D, et al. Local stability and attractive basin of

Cohen-Grossberg neural networks [J]. Nonlinear Analysis: Real World Applications, 2009, 10(5): 2834-2841.

[39] WANG J L, JIANG H J, HU C, et al. Convergence behavior of delayed discrete cellular neural network without periodic coefficients [J]. Neural Networks, 2014, 53: 61-68.

[40] LIAO X F, YU J. Robust stability of interval Hopfield neural networks with time delay [J]. IEEE Transactions on Neural Networks, 1998, 9 (5): 1042-1045.

[41] SHAO J L, HUANG T Z. A note on "Global robust stability criteria for interval delayed neural networks via an LMI approach" [J]. IEEE Transactions on Circuits and Systems Ⅱ Express Briefs, 2008, 55 (11): 1198-1202.

[42] SONG Q K, ZHAO Z L, LIU Y R. Stability analysis of complex-valued neural networks with probabilistic time-varying delays[J]. Neurocomputing, 2015, 159: 96-104.

[43] ZHANG H G, WANG Z S, LIU D R. A comprehensive review of stability analysis of continuous-time recurrent neural networks[J]. IEEE Transactions on Neural Networks and Learning Systems, 2014, 25(7): 1229-1262.

[44] CAO J D, LIANG J L. Boundedness and stability for Cohen-Grossberg neural network with time-varying delays[J]. Journal of Mathematical Analysis and Applications, 2004, 296 (2): 665-685.

[45] CAO J D, SONG Q K. Stability in Cohen-Grossberg-type bidirectional associative memory neural networks with time-varying delays [J]. Nonlinearity, 2006, 19 (7): 1601-1617.

[46] ZHAO W R. Dynamics of Cohen-Grossberg neural network with variable coefficients and time-varying delays [J]. Nonlinear Anal Real World

Application, 2008, 9(3): 1024-1037.

[47] WANG L, ZOU X F. Exponential stability of Cohen-Grossberg neural network [J]. Neural Networks, 2005, 15(3): 415-422.

[48] ZHAO W. Global exponential stability analysis of Cohen-Grossberg neural networks with delays[J]. Commun. Nonlinear Sci. Numer. Simul., 2008, 13: 847-856.

[49] CHEN T P, RONG L B. Delay-independent stability analysis of Cohen-Grossberg neural networks [J]. Physics Letters A, 2003, 317 (5/6): 436-449.

[50] CHEN T P, RONG L B. Robust global exponential stability of Cohen-Grossberg neural networks with time delays[J]. IEEE Transactions on Neural Networks, 2004, 15(1): 203-206.

[51] CHEN Y. Global asymptotic stability of delayed Cohen-Grossberg neural networks[J]. IEEE Transactions on Circuits and Systems-I, 2006, 53(2): 351-357.

[52] GUO S J, HUANG L H. Stability of Cohen-Grossberg neural networks[J]. IEEE Transactions on Neural Networks, 2006, 17(1): 106-117.

[53] LIAO X F, WONG K W, YU J B. Novel stability conditions for cellular neural networks with time delay[J]. International Journal of Bifurcation and Chaos, 2001, 11(7): 1853-1864.

[54] LIAO X F, WONG K W, WU Z F, et al. Novel robust stability criteria for interval delayed Hopfield neural networks[J]. IEEE Transactions on CAS I, 2001, 48(11): 1355-1359.

[55] LIAO X F, WU Z F, YU J B. Stability analyses of cellular neural networks with continuous time delay [J]. Journal of Computational and Applied Mathematics, 2002, 143 (1): 29-47.

[56] LIAO X F, YU J B, CHEN G R. Novel stability criteria for bi-directional associative memory neural networks with time delays [J]. International Journal of Circuits Theory and Applications, 2002, 30(5): 519-546.

[57] LIAO X F, CHEN G R, EDGAR N S. Delay-dependent exponential stability analysis of delayed neural networks: A LMI approach[J]. Neural Networks, 2002, 15(7): 855-866.

[58] LIAO X F, CHEN G R, SANCHEZ E N. LMI-based approach for asymptotically stability analysis of delayed neural networks [J]. IEEE Transactions on CAS-I, 2002, 49(7): 1033-1039.

[59] BAILDI P, ATIYA A F. How delays affect neural dynamics and learning[J]. IEEE Transactions on Neural Networks, 1994, 5(4): 612-621.

[60] GOPALSAMY K, HE X Z. Stability in asymmetric Hopfield nets with transmission delays[J]. Physica D, 1994, 76(4): 344-358.

[61] YANG L, LI Y K. Existence and exponential stability of periodic solution for stochastic hopfield neural networks on time scales [J]. Neurocomputing, 2015, 167: 543-550.

[62] ZHANG W, LI C D, Huang T W, et al. Global exponential synchronization for coupled switched delayed recurrent neural networks with stochastic perturbation and impulsive effects [J]. Neural Computing & Applications, 2014, 25(6): 1275-1283.

[63] LIU C, LIU W P, LIU X Y, et al. Stability of switched neural networks with time delay[J]. Nonlinear Dynamics, 2015, 79(3): 2145-2154.

[64] ZHU Q X, RAKKIYAPPAN R, CHANDRASEKAR A. Stochastic stability of Markovian jump BAM neural networks with leakage delays and impulse control[J]. Neurocomputing, 2014, 136: 136-151.

[65] RAKKIYAPPAN R, CHANDRASEKAR A, LAKSHMANAN S, et al.

Exponential stability for markovian jumping stochastic BAM neural networks with mode-dependent probabilistic time-varying delays and impulse control [J]. Complexity,2015,20(3):39-65.

[66] LI X D, SONG S J. Impulsive control for existence, uniqueness and global stability of periodic solutions of recurrent neural networks with discrete and continuously distributed delays[J]. IEEE Transactions on Neural Networks, 2013, 24(6): 868-877.

[67] LI X D, BOHNER M, WANG C K. Impulsive differential equations: Periodic solutions and applications[J]. Automatica, 2015, 52: 173-178.

[68] SUN G, ZHANG Y. Exponential stability of impulsive discrete-time stochastic BAM neural networks with time-varying delay[J]. Neurocomputing, 2014, 131: 323-330.

[69] ZHANG Y. Stochastic stability of discrete-time Markovian jump delay neural networks with impulses and incomplete information on transition probability [J]. Neural Networks, 2013,46: 276-282.

[70] ZHANG Y. Exponential stability analysis for discrete-time impulsive delay neural networks with and without uncertainty[J]. Journal of the Franklin Institute, 2013, 350(4): 737-756.

[71] YU Z. Robust exponential stability of discrete-time uncertain impulsive neural networks with time-varying delay[J]. Mathematical Methods in the Applied Sciences, 2012, 35(11): 1287-1299.

[72] HUANG H, QU Y Z, LI H X. Robust stability analysis of switched Hopfield neural networks with time-varying delay under uncertainty[J]. Phys. Lett. A, 2005, 345(4/5/6): 345-354.

[73] YUAN K, CAO J D, LI H X. Robust stability of switched Cohen - Grossberg neural networks with mixed time-varying delays[J]. IEEE Trans. Syst. ,Man

Cybern. B, Cybern, 2006, 36(6): 1356-1363.

[74] COHEN F. Computer viruses: theory and experiments[J]. Comput. Secur, 1987, 6(1): 22-35.

[75] MURRAY W H. The application of epidemiology to computer viruses[J]. Comput. Secur. 1988, 7(2): 139-145.

[76] KEPHART J O, WHITE S R. Directed-graph epidemiological models of computer viruses [C]//Proceedings of 1991 IEEE Computer Society Symposiumon on Research in Security and Privacy. Oakland, CA, USA. IEEE: 343-359.

[77] KEPHART J O, WHITE S R. Measuring and modeling computer virus prevalence[C]//Proceedings 1993 IEEE Computer Society Symposium on Research in Security and Privacy. Oakland,CA,USA. IEEE: 2-15.

[78] MCCLUSKEY C C. Complete global stability for an SIR epidemic model with delay-Distributed or discrete[J]. Nonlinear Anal. RWA, 2010, 11(1): 55-59.

[79] HATTAF K, LASHARI A A, LOUARTASSI Y, et al. A delayed SIR epidemic model with general incidence rate [J]. Electronic Journal of Qualitative Theory of Differential Equations, 2013(3): 1-9.

[80] GAN C Q, YANG X F, LIU W P, et al. Propagation of computer virus under human intervention: A dynamical model[J]. Discrete Dynamics in Nature and Society, 2012,2012:1-8.

[81] MUROYA Y, ENATSU Y, LI H X. Global stability of a delayed SIRS computer virus propagation model[J]. Int. J. Comput. Math, 2014, 91(3): 347-367.

[82] YUAN H, CHEN G Q. Network virus-epidemic model with the point-to-group information propagation[J]. Applied Mathematics and Computation, 2008,

206(1): 357-367.

[83]YUAN H, CHEN G Q, WU J J, et al. Towards controlling virus propagation in information systems with point-to-group information sharing[J]. Decision Support Systems, 2009, 48(1): 57-68.

[84] MISHRA B K, PANDEY S K. Dynamic model of worms with vertical transmission in computer network [J]. Applied Mathematics and Computation, 2011, 217(21): 8438-8446.

[85] YANG L X, YANG X F, ZHU Q Y, et al. A computer virus model with graded cure rates[J]. Nonlinear Anal. Real World Appl, 2013, 14(1): 414-422.

[86] YANG L X, YANG X F. A new epidemic model of computer viruses[J]. Commun Nonlinear Sci Numer Simulat, 2014, 19(6): 1935-1944.

[87] CHEN L T, HATTAF K, SUN J T. Optimal control of a delayed SLBS computer virus model[J]. Physica A Stat Mech Appl, 2015, 427: 244-250.

[88] MUROYA Y, KUNIYA T. Global stability of nonresident computer virus models[J]. Mathematical Methods in the Applied Sciences, 2015, 38(2): 281-295.

[89] YANG L X, YANG X F. A novel virus-patch dynamic model[J]. PLoS One, 2015,10(9):e0137858.

[90] FENG L P, LIAO X F, LI H Q, et al. Hopf bifurcation analysis of a delayed viral infection model in computer networks[J]. Math. Comput. Model. 2012, 56(7/8): 167-179.

[91] YANG X F, YANG L X. Towards the epidemiological modeling of computer viruses[J]. Discrete Dyn. Nat. Soc, 2012, 2012:1-11.

[92] ZHANG C, ZHAO Y, WU Y, et al. A stochastic dynamic model of computer viruses[J]. Discrete Dynamics in nature and society, 2012,2012(pt. 2): 264874-1-264874-16.

[93] DEQUADROS C A, ANDRUS J K, OLIVE J M, et al. Eradication of poliomyelitis: progree in the americas[J]. Pediatr. Inf. Dis. J, 1991, 10(3): 222-229.

[94] SABIN A B. Measles, killer of millions in developing countries: strategies for rapid elimination and continuing control[J]. Eur. J. Epidemiol, 1991, 7(1): 1-22.

[95] AGUR Z, COJOCARU L, MAZOR G, et al. Pulse mass measles vaccination across age cohorts[J]. Proc. Natl. Acad. Sci. USA, 1993, 90(24): 11698-11702.

[96] ZHANG T L, TENG Z D. An SIRVS epidemic model with pulse vaccination strategy[J]. J. Theor. Biol, 2008, 250(2): 375-381.

[97] LI Y F, CUI J G. The effect of constant and pulse vaccination on SIS epidemic models incorporating media coverage[J]. Commun. Nonlinear Sci. Numer. Simulat, 2009, 14(5): 2353-2365.

[98] JIANG G R, YANG Q G. Bifurcation analysis in an SIR epidemic model with birth pulse and pulse vaccination[J]. Appl. Math. Comput, 2009, 215(3): 1035-1046.

[99] ZHANG C M, ZHAO Y, WU Y J. An impulse model for computer viruses[J]. Discrete Dyn. Nat. Soc, 2012,2012:1-13.

[100] ANDERSON R M, MAY R M. Infectious diseases of humans: dynamics and control[M]. Oxford: Oxford University Press, 1991.

[101] YUAN H, LIU G N, CHEN G Q. On modeling the crowding and psychological effects in network-virus prevalence with nonlinear epidemic model[J]. Appl. Math. Comput, 2012, 219(5): 2387-2397.

[102] YANG L X, YANG X F. The impact of nonlinear infection rate on the spread of computer virus[J]. Nonlinear Dynamics, 2015, 82(1): 85-95.

[103] CAPASSO V, SERIO G. A generalization of the Kermack-McKendrick

deterministic epidemic model[J]. Mathematical Biosciences, 1978, 42(1/2): 43-61.

[104] MENG X Z, CHEN L S, WU B. A delay SIR epidemic model with pulse vaccination and incubation times[J]. Nonlinear Anal. Real World Appl, 2010, 11(1): 88-98.

[105] YANG L X, YANG X. The pulse treatment of computer viruses: a modeling study[J]. Nonlinear Dyn, 2014, 76(2): 1379-1393.

[106] YANG L X, DRAIEF M, YANG X F. The impact of the network topology on the viral prevalence: A node-based approach[J]. PLoS ONE, 2015, 10(7):0134507.

[107] YANG L X, DRAIEF M, YANG X. Heterogeneous virus propagation in networks: A theoretical study[J]. Mathematical Methods in the Applied Sciences. 2017,40(5):1396-1413.

[108] PASTOR-SATORRAS R, CASTELLANO C, van Mieghen P, et al. Epidemic processes in complex networks[J]. Review of Modern Physics, 2015. 87(3):925-979.

[109] LAKSHMIKANTHAM V, BAǏNOV D, SIMEONOV P S. Theory of impulsive differential equations[M]. Singapore: World Scientific, 1989.

[110] THIEME H R. Convergence results and a Poincaré-Bendixson trichotomy for asymptotically autonomous differential equations[J]. J. Math. Biol, 1992, 30(7): 755-763.

[111] BAINOV D D, SIMEONOV P S. Impulsive differential equations: periodic solutions and applications [M]. New York: Longman Scientific & Technical, 1993.

[112] LAKMECHE A, ARINO O. Bifurcation of non trivial periodic solutions of impulsive differential equations arising chemotherapeutic treatment[J]. Dyn. Continuous Discrete Impuls. Syst, 2000, 7(2): 265-287.